학습도움반의
모든 것

한 그루의 나무가 모여 푸른 숲을 이루듯이
청림의 책들은 삶을 풍요롭게 합니다.

15년 차 특수교사 반창고쌤의
초등 6년 완전 정복 솔루션

학습도움반의 모든 것

| 이진구 지음 |

청림Life

머리말

'나의 냄비'라는 주제로 전교생 아이들과 수업한 게 생각납니다. 『아나톨의 작은 냄비』라는 그림책을 활용한 수업이었어요. 상냥하고 그림 그리기를 좋아하는 '아나톨'은 하늘에서 떨어진 냄비를 맞은 후로 평생 냄비를 줄에 매달고 다니는 운명을 갖게 됩니다. 냄비 때문에 일상생활이 불편하고 힘들어진 아나톨은 속상한 마음에 냄비 속으로 숨어 버리지요. 그때 현명하게 냄비를 쓰는 어른이 아나톨에게 다가옵니다. 그녀는 아나톨에게 냄비를 가지고 살아가는 방법을 알려 주었고, 그 후 아나톨은 냄비를 받아들여 잘 활용하게 됩니다.

저는 이 그림책에서 제일 마지막 글이 마음에 와닿았어요. "아나톨은 예전과 똑같은 아나톨이랍니다." 냄비가 있건 없건 아이는 같은 아이임을 잊지 말아야 합니다. 냄비, 그건 언제 어디서든 누구나 가질 수 있는 나의 부족한, 나의 불편한 무엇이에요. 모든 사람에게 크거나 작거나 구멍 나거나 모난 냄비가 있다는 걸 안다면, 다른 사람의 냄비를 지적하거나 비난하는 일은 일어나지 않겠지요.

제가 가르치는 아이들은 남들보다 조금 더 불편한 냄비를 가지고 있어요. 그렇다고 냄비만 바라본다면 아이가 진짜 어떤 아이인지 모르게 돼요.

우리는 모두 보편적으로 냄비를 가졌다는 사실을 알아야 합니다.

보편성을 말했으니, 이제는 특별함을 말해 볼게요. 특별한 아이는 어떻게 완성될까요? 두 가지가 필요합니다. 첫째, 나를 알고 이해해야 합니다. 내가 선호하는 가치, 기호, 한계 등을 찾고 인정해야 해요. 냄비를 끓여도 보고 두들겨서 소리도 들어 보고 강도도 점검해야 하지요. 특별한 아이가 되려면 둘째, 나의 보폭에 맞게 걸어야 합니다. 다른 사람이 몇 번을 걷는지는 중요하지 않아요. 오히려 남들처럼 걸으면 개성은 사라지죠. 그런 의미에서 다르다는 것은 개성일 뿐 틀렸다는 뜻이 아닙니다. 아이는 모두 다른 존재이고 모두 특별한 존재예요. 단순히 공부의 잣대로만 아이를 단정 짓지 말아야 합니다.

그렇다면 보편적이고 특별한 우리 아이는 어떻게 배워야 할까요? 옛날 지리산에 유명한 도사가 살고 있었어요. 소문을 들은 3명의 사람이 제자가 되겠다고 찾아왔지요. 도사는 따라 해 보라며 축지법을 썼어요. 그러자 첫 번째 사람은 빨리 뛰다가 다리를 다쳐서 포기했어요. 이번에는 도사가 큰 바위를 들었다 놓았고, 두 번째 사람이 끙끙대며 바위를 들다가 허리를 다쳤지요. 그런데 세 번째 사람은 스승을 보며 모든 것을 따라 했고 다치지도 않았어요. 결국 도사는 세 번째 사람을 제자로 삼았답니다. 세 번째 사람은 어떻게 했을까요? 그는 자기가 할 수 있는 행동부터 했습니다. 매일매일 작은 보폭으로 걸으며 조금씩 넓게 조금씩 빠르게 걸었고, 작은 돌부터 들며 지속해서 팔을 단련했어요. 결국, 행동의 기준은 '지금의 나'에서 시작해요.

마찬가지로 부모는 아이가 할 수 있는 것과 해야 하는 것을 알아야 합니다. 이 책은 또래보다 천천히 다양하게 배우는 아이가 작은 사회인 초등학교에 잘 적응하는 것을 돕기 위해 쓴 책이에요. 여기서 천천히 다양하게 배우는 아이의 기준은 특수교육을 받아야 하는 아이를 의미하나, 느리게 학습하는 아이에게도 큰 도움이 되리라 믿어요.

교육 현장에 있으면 아이를 위해서 어떻게 하는 것이 좋은지 모르는 학부모를 자주 만나요. 학교 수업을 따라가지 못해도 '아이가 곧 잘하겠지'라는 생각으로 3, 4학년이 될 때까지 그냥 학교를 보내는 경우도 있어요. 그동안 학습 격차는 점점 벌어지게 되죠. 더 큰 문제는 현재 학년에서 아이의 수준에 맞는 교육을 제공할 수 없다는 거예요. 수업 시간에 자기 생각을 써 보라고 하는데, 글자조차 제대로 쓸 수 없다면 아이의 마음은 어떨까요? 매 수업 시간이 외국에 있는 학교에서 공부하는 기분일 겁니다. 엄청난 스트레스를 받고 자존감이 떨어지겠지요. 아이가 스스로 성장할 때까지 마냥 기다리면 안 됩니다. 이른 시기에 특수교육을 받으면 학습과 학교생활에서 체계적인 도움을 받을 수 있어요. 진짜 교육은 아이의 성장과 자존감 향상으로 이어져요. 뒤늦게 저를 찾아온 많은 학부모들이 예산 지원, 교육 방법, 행동 지원, 특수교육 등 관련 정보를 듣고 그제야 답답함을 풀곤 합니다. 물론 특수교육이 만병통치약은 아니에요. 오은영 박사님이 나온 프로그램처럼 아이가 하루아침에 바뀌기는 어렵습니다. 꾸준히 배워도 6학년을 졸업할 때까지 한글을 제대로 못 뗄 수도 있어요. 하지만 분명한 건 나를 잘 알고, 나를 지지하며, 나를 도와주는 든든한 선생님이 아이에게 한 사람 더 생긴다는 겁니다.

이 책은 크게 세 가지 영역으로 나뉩니다. 1장은 학교생활을 큰 흐름에서 이해할 수 있도록 내용을 구성했습니다. 학생이 경험하게 되는 1년의 과정을 소개하고, 각 과정마다 학부모나 아이가 하면 좋은 일을 담았어요. 학교마다 행사 시기나 종류는 다를 수 있지만, 전체적인 커리큘럼을 파악하고 미리 준비하는 데는 도움이 될 거라 생각해요.

2장은 학교에서 꼭 필요한 습관에 관한 내용으로 구성했습니다. 학습, 위생 및 안전, 식사, 예절 등 아이가 반드시 지켜야 할 기초적인 습관을 안내할 예정이에요. 특히 습관을 수준별로 3단계로 나누어 아이의 현재 수준을 알고 다음 스텝을 익힐 수 있도록 했어요.

3장은 학습의 기초가 되는 영역과 교과 공부에 관한 내용을 중심으로 정리했습니다. 성공적인 학습을 위한 기둥이라고 할 수 있는 주의 집중, 메타인지, 창의력 등에 관한 일곱 가지 내용과 아이와 부모가 직접 할 수 있는 실용적인 활동을 담았어요. 그리고 국어, 수학의 세부 영역(예: 읽기, 쓰기, 수와 연산, 도형과 측정 등) 지도법과 아이와 함께 할 수 있는 학습 놀이를 넣었어요. 국어와 수학은 아이가 삶을 주도적으로 살아갈 때 가장 필요한 도구이자 최소한의 학습 능력이라서 특수교육에서 특히 강조하는 부분입니다. 참고로 교과는 2024년부터 단계적으로 적용되는 2022 개정 교육과정의 내용으로 구성했어요.

아이가 그림을 그려 왔습니다. 나는 어떤 반응을 하는 부모일까요? 지적 타입 부모는 이렇게 반응해요. "이게 뭐야? 손이 더러워졌잖아!", "여기를 더 꼼꼼하게 칠해야지." 이건 하수의 방식입니다. 평가 타입의 부모는 어떻게 반응할까요? "와, 진짜 잘 그렸다.", "최고야. 멋지네!" 이건 중수의 방식이에요. 계속 칭찬받고 싶은 아이는 좋은 평가를 받기 위해 수동적으로 행동하고 남의 눈치를 보기 때문입니다. 그렇다면 고수는 어떤 말을 할까요? "이번에는 눈을 자세히 그렸구나!", "이 선은 특별해 보이는데?" 이런 반응은 탐구 타입의 부모이지요. 탐구 타입으로 말해 주면 아이는 자기가 선택한 결과를 다시 돌아봐요. 스스로를 높이고 책임감을 가지게 됩니다. 아이를 탐구할 준비가 된 독자님들의 얼굴을 떠올리며 이 책의 여정을 시작합니다.

목차

Part 1.
아이의 학교생활을 돕는 1년 흐름 알기

1장. 새 학년 전부터 학부모는 움직입니다

2장. 연간 교육 과정을 알면 1년이 바뀝니다

Part 2.
긍정적인 습관은
아이의 평생 친구입니다

Q1. 특수교육은 무엇일까요?

특별한 교육적 요구를 가진 아동에게 맞는 교육 내용과 방법으로 지원하는 교육을 말합니다. 신발 신기, 화장실 다녀오기 등의 기본 생활 습관 훈련과 부족한 교과 학습(보통 핵심 교과인 국어, 수학 지도)을 가르치지요. 그 외에 교내·교외 체험 학습, 특수교육 관련 서비스를 지원합니다.

Q2. 특수교육 대상자는 누구를 말하는 걸까요?

학교생활 중에 특수교육이 필요한 학생을 말합니다. 맞춤옷처럼 학생에게 딱 맞는 수준의 교육을 지원해요. 특수교육 대상자는 선정 절차 과정을 통해 뽑아요.

Q3. 느린 학습자는 누구를 말하는 건가요?

지능지수(IQ)가 평균보다 조금 낮아서 70~85 정도의 경계선에 있는 아이를 말합니다. 전국에 80만 명 정도로 추정되고, 우리나라 전체 인구의 13.6%가 경계선 지능에 해당한다고 합니다. 문제는 특수교육이나 일반교육 어디에도 속하지 못한다는 것이지요. 어느 정도의 도움이 필요한지가 애매하기 때문에, 특수교육 대상자로 선정되어 교육받는 아이도 있고, 특수교육을 신청해도 검사 결과 수치가 높아서 선정이 안 되기도 해요. 느린 학습자에게 필요한 교육 시스템이 조속히 만들어져야 한다고 생각해요.

Q4. 특우학급(학습도움반)은 일반학급과 어떤 럼이 다른가요?

먼저, 특수학급과 일반학급은 법적인 용어예요. 특수학급은 특수교사가 특수교육 대상 학생을 가르치는 교실을 말합니다. 실제 학교에서는 학습도움반, 디딤돌반, 나래반, 새싹반 등 다양한 이름으로 불리고 있어요. 일반학급과 특수학급은 많은 부분이 다르지만 크게 세 가지 차이점이 있습니다.

첫째, 교실 모습이 다릅니다. 유치원과 비슷한 분위기이고 아이들을 위한 교구가 많아요. 그래서 아이들이 일반 교실보다 좋아합니다. 심리적으로 안정을 찾는 공간이에요. 둘째, 수업이 다릅니다. 아이의 수준에 맞게 교육과정을 짜는 맞춤형 교육을 해요. 학생 정원이 최대 6명이어서 좀 더 아이의 개별 눈높이에 맞는 교육을 할 수 있어요. 다양한 학년의 학생이 내려와서 함께 공부하는 형태를 취하는데, 보통 핵심 교과인 국어, 수학 교과를 배우고, 나머지 교과 시간은 통합학급(원래 아이가 소속된 반이자 일반학급)에서 또래와 함께 배워요. 셋째, 지원이 다릅니다. 학생에게 필요한 치료 지원, 방과후 지원 등의 관련 서비스 지원, 학습 및 생활 습관 훈련, 행동 중재까지 아이의 원만한 학교생활에 필요한 모든 것을 지원해요.

Q5. 통합학급은 무슨 뜻인가요?

통합학급은 일반학생과 특수교육이 필요한 학생이 함께 공부하는 교실을 말해요. 2월 말이 되면 새 학기를 위한 학년과 반을 구성하는데, 만약 3학년 1반 아이 중에 특수교육이 필요한 학생이 있다면 그 교실은 통합학급이 됩니다. 학생에게는 통합학급 담임교사와 특수학급 담임교사 즉, 2명의 담임교사가 생겨요. 통합학급은 친구들과 특수교육이 필요한 아이 간의 긍정적인 관계를 형성하고 교육목표를 함께 이루는 경험을 가집니다. 그러므로 통합교육은 단순히 특수교육 대상 학생에게만 이로운 교육이 아니에요. 반 친구들은 배려와 이해하는 법을 배울 수 있고 공감과 소통 능력이 향상돼요. 참고로 통합학급은 다른 말로 '원반'이라고 부르기도 합니다.

Q6. 꼭 취학 학교로 가야 할까요?

11월에서 12월 초가 되면 통장님이 예비 1학년 학부모에게 취학 통지서를 전달합니다. 분실 시 온라인으로도 발급(정부24 홈페이지)할 수 있어요. 서류에는 아이의 인적 사항, 취학 학교, 예비 소집 일시, 보호자 연락처(직접 기재) 등이 적혀 있습니다. 대부분 예비 소집일에 맞추어 해당 학교에 가요. 다만 초중등교육법 시행령 제18조에 따라 아동의 보호자에게 부득이한 사정이 있다면, 지정된 학교가 아닌 다른 초등학교를 배정받을 수 있어요. 여기서 부득이한 사유란 학교 폭력 피해, 질병 치료 및 장애, 거주지 변경 등이 있습니다. 예를 들면 휠체어를 타야 하는 자녀인데 학교 시설이 불편하면 문제가 되지요. 학습도움반이 없는 학교에 배정된 경우도 학습도움반이 있는 곳으로 변경이 가능해요. 때론 학부모가 원하는 학교로 가기 위해 이사를 하기도 합니다.

Q7. 초등학교를 고르는 기준이 궁금합니다.

두 가지 기준을 말씀드릴게요. 첫째, 학급당 학생 수를 알아야 합니다. 학교 전체 학생 수는 줄고 있지만, 특수교육을 요구하는 학생들은 계속 늘고 있는 상황이에요. 2024년 특수교육 대상자는 115,610명으로 전년보다 5,907명이 증가하였고, 일반학교에 배치된 학생 수는 85,220명으로 전년보다 4,753명이 증가했어요. 국립특수교육원 특수교육 통계조사에 따르면, 현재 특수학교에는 26.7%, 일반학교에는 73.3%의 비율로 학생들이 배치되어 있습니다.

특수학급은 법적으로 한 학급의 인원수를 정하고 있어요. 초등학교 학급당 학생 수는 최대 6명이고, 6명을 초과하면 하나의 학급을 추가로 증설할 수 있습니다. 하지만 학교의 사정에 따라 학급 증설이 힘들 수 있어요. 예를 들어 빈 교실이 부족하면 6명이 넘어도 교사 혼자서 가르칠 수밖에 없지요. 저도 10명까지 가르쳐 본 경험이 있는데, 아무리 교사가 뛰어나도 다수의 아이를 개별 수준에 맞추어 수업한다는 건 힘든 일이에요. 따라서 학생 수가 6명이 넘어갈 정도로 지나치게 많으면 아이를 위해서 다른 학교를 알아보는 것을 추천해요. 개인적으로는 3명의 학생을 가르칠 때 효율적으로 수업할 수 있었고, 학생의 반응과 학습 결과가 좋았어요.

아이의 학습 공백이 줄어드니 학부모와 학생의 만족도도 높았고요.

둘째, 주변 학습도움반의 운영 정보를 알아야 합니다. 11월부터 인근 학교의 특수교사와 일일이 통화를 해야 하는 번거로움은 있지만, 어떤 학교에 가야 할지 고민이 된다면 필요한 과정이에요. 초등학교에 있는 병설 유치원이 별도로 운영되듯이 학습도움반도 마치 학교 속의 학교처럼 존재해요. 물론 학교의 전반적인 일정을 따르고 통합학급과 교류하지만, 제가 이렇게 말씀드리는 이유는 특수교사마다 학급을 운영하는 방식이 다양하기 때문이에요. 교사마다 추구하는 교육철학, 중점을 두는 사항, 선호하는 수업 방식, 학급 행사, 학부모와의 소통 방식 등이 다르며, 이것들이 어우러져 특별한 학급 운영이 이루어져요. 예를 들어 A 교사는 지역과의 교류, 진로 교육에 강점을 보이고, B 교사는 최대한 학습 진도를 따라가는 데 중점을 둡니다. C 교사는 통합교육에 초점을 맞춰서 다양한 활동을 하고요. 무엇이 옳고 그른 문제는 아니지만, 학부모가 바라는 교육 방향과 의견 차이가 생길 수 있습니다.

교사의 설명을 듣다 보면 그곳에서 지낼 아이의 모습이 떠오르고 '아! 이 학교에 가야겠다' 하는 마음이 들 겁니다. 그 밖에 통학 거리, 특수교육 실무사 유무, 교실 분위기, 특수교사의 남은 재직 기간 등을 알아보는 것이 좋아요. 힘들게 이사를 왔는데 제가 1년 만에 만기 전근을 가서 실망한 학부모도 있었거든요.

예비 학부모가 궁금한 것이 있다며 내게 전화를 주었다. 나는 예비 학부모 상담 레시피 파일을 꺼냈다.

"저, 아이가 발달이 늦어서요. 학습도움반을 알아보고 있는데 ○○초는 어떻게 운영하는지 궁금해요."

달력을 보니 11월이었다. 발 빠르게 미리 준비하는 모습을 보고 아이 교육에 관심이 많은 학부모라는 느낌을 받았다. 1, 2학년 때까지 그냥 일반학급만 보내다가 뒤늦게 학습도움반(특수학급)은 뭐 하는 곳인지 묻는 학부모님도 종종 있는데, 이 학부모는 학습도움반의 학생 수는 몇 명인지, 특수교육실무사는 있는지, 학급 운영은 어떻게 진행하는지 물었다. 학부모 입장에서 다른 학교의 학습도움반과 비교해 보는 것은 중요한 일이기 때문에 솔직하고 담백하게 이야기를 나누었다.

"사실 다른 학부모님들에게 선생님 이야기를 많이 들었어요. 그래서 이 학교로 보내고 싶어요."

지방에서 올라온 전학생이었는데 이렇게 골라서 오겠다는 건 처음이었다. 학부모의 고백에 가슴이 뜨거워졌다.

새로운 시선으로 보는 용어

책을 본격적으로 시작하기 전에, 하나 더 이야기하고 싶은 부분이 있습니다. 바로 용어 사용이에요. 점 하나만 달라져도 말은 변하지요. 용어를 쓰는 것도 마찬가지예요. 저는 개인적으로 '느린 학습자'라는 표현을 좋아하지 않아요. '느린'이라는 말이 확 와닿겠지만 동시에 낙인도 되니까요. 그래서 '장애인'이라는 말도 좋아하지 않습니다. 넓은 의미로 장애는 누구나 있다고 생각해요. 어떤 사람은 시력이 좋지 않아서 안경을 쓰고 어떤 사람은 비염이 심하고 어떤 사람은 공감 능력이 떨어질 수 있어요. 그럼에도 그 용어가 있다는 것은 행정 지원과 혜택 그리고 연구의 효율성을 위한 것이겠죠. 개인적으로 '장애인'이라는 말은 법과 행정 그리고 학문으로만 썼으면 해요. 누군가를 지칭할 때 부정의 의미를 담아서 표현하는 게 옳은 일은 아니니까요. 실제 교육 현장에서 쓰는 용어도 마음에 들지 않기 때문에, 이 책에서는 되도록 제가 순화한 용어를 사용하겠습니다. 제가 만든 용어가 정답은 아니지만 더 나은 말을 찾기 위한 노력으로 봐 주셨으면 해요.

첫째, 특수학급이라는 말은 되도록 자제하겠습니다. 특수학급은 법적 용어이며 일반적인 용어로 쓰기에는 아쉬움이 많아요. 아이들이 "쟤는 특수학급에 가는 특수한 애야."라고 말하는 걸 들은 적이 있어요. '특수'라는 말에서 분리의 어감이 강하게 느껴졌어요. 반대로 "쟤는 일반학급 친구야."라고 말하지 않으니까요. 그냥 둘 다 같은 반 친구예요. 통합학급교사가 특수학급이라는 말을 쓰니 아이들도 따라 쓴 거라서, 장애 인식 개선 교육 시간에 다른 표현을 알려 주고 통합학급교사에게도 협조를 구했어요. 아이들은 역시 아이들이라서 편견 없이 금방 받아들이더군요. 지금은 다양한 교육이 필요해서 잠시 배우고 온다고 인식하고 있습니다.

그렇다면 초등학교에서 특수학급을 어떻게 불러야 할까요? 학교 현장에서는 '학습도움반'이라고 가장 많이 부릅니다. 학교마다 부르는 용어가 다양하지만, 나중에 교사와 대화할 때 혼동을 주지 않기 위해 이 책에서도 학습도움반으로 부르겠습니다.

둘째, '특수교육 대상자'라는 법적 용어 사용은 줄이겠습니다. 장애 학생, 특수교육이 필요한 학생, 느린 학습자는 '다양하게 배우는 학생'이라고 부르려고 해요. 아이가 학습을 할 때 다양한 방법으로 경험하며 익히기 때문이지요. 교육 현장에서 교사가 장애 유형을 알아도 똑같이 교육하는 일은 없어요. 그동안 저 역시 자폐성 장애를 가진 아이들을 여럿 만났지만 특성, 기호, 교육 방법, 필요한 지원 등이 모두 달랐어요. 아이 한 사람 한 사람의 입맛에 맞게 교육 재료를 지지고 볶으며 다양하게 요리해 주어야 해요. 그런 의미에서 '다양하게 배우는 학생'이라는 말이 잘 어울린다고 생각합니다.

셋째, '문제행동'이라는 용어를 바꾸겠습니다. 문제행동은 말 그대로 사회 통념에 벗어난 행동을 말해요. 부정적인 의미를 담고 있으며 그런 시선은 아이에게 도움이 되지 않아요. 저는 '의미행동'(이 용어를 쓰는 이유는 뒤에서 설명할게요)이라고 부를게요.

넷째, 담임교사라는 용어는 쓰지 않겠습니다. 학부모 중에는 통합학급교사를 '담임교사'라고 부르고, 특수교사를 아이를 보조하는 교사 정도로 생각하는 경우가 간혹 있어요. 아니에요. 특수교사와 일반교사 모두가 한 아이의 담임교사이지요. 따라서 일반교사에게만 아이의 결석을 이야기하면 안 됩니다. 보통 학부모는 일반교사를 어려워하고 특수교사를 좀 더 편하게 생각합니다. 더 자주 소통하며 형성된 두텁고 끈끈한 관계 덕분인데, 그렇다고 요술 램프 지니처럼 하대하는 관계면 곤란해요. 일반교사와 다르게 대하면 특수교사는 섭섭해요. 저는 책에서 특수교사는 특수교사, 다양하게 배우는 아이를 담당한 일반교사는 통합학급교사라고 지칭할게요. 교사도, 아이도 이름이 가장 아름다운 용어입니다. "이진구 선생님!" 네, 그럼 1부를 시작하겠습니다.

〈일러두기〉

1. 지면의 한계상 다 담지 못한 전문적인 내용이나 관련 법규 등은 책에 삽입된 QR코드를 활용해 주세요.

2. 이 책에는 다양한 학습 놀이가 소개되어 있어요. 그중 난도가 있는 놀이는 QR코드로 놀이 방법을 확인하실 수 있어요.
   또한 별도의 활동지가 필요한 경우에는 QR코드로 도안을 담았어요. 인쇄해서 바로 사용해도 되고, 도안을 참조해서 직접 만들어도 좋아요.

학교는 아이들에게 두려움과 설렘을 주는 공간이에요. 새로운 배움과 도전이 가득한 세상이기도 하지요. 매년 그렇습니다. 새 학년이 되면 늘 새로워요. 부모 역시 아이와 비슷한 마음으로 매년 자식 농사를 짓느라 구슬땀을 흘리지요. 안타깝게도 어떤 날에는 비바람이 몰아치고, 어떤 날에는 태풍이 몰려와요. 그래서 예보가 필요합니다. 미리 학교생활의 1년 흐름을 파악하면 대비할 수 있어요. 한해를 거듭할수록 노하우가 생기고 아이에게 줄 수 있는 지원도 달라져요. 1부 내용이 좋은 힌트가 되었으면 합니다. 저는 스마트폰 달력에 매월 해야 할 일을 누적하여 기록하고 미리 점검하는데, 매년 업데이트되는 정보가 큰 도움이 됐어요.

"교육은 삶을 위한 준비가 아니라 삶 그 자체여야 한다." 미국의 교육학자 존 듀이의 말이에요. 매일 겪는 작은 성공과 실패가 모여서 아이의 소중한 1년이 돼요. 현재 아이의 삶을 위해 사랑과 정성이 담긴 씨앗을 함께 뿌렸으면 합니다.

Part.1

아이의
학교생활을 돕는
1년 흐름 알기

1장 ✦ ⚬ ☀

새 학년
전부터
학부모는
움직입니다

학교
적응 시간

1, 2월은 새 학년에 적응하기 위한 시간입니다. 어떤 학년이더라도 적응에 먼저 힘써야 합니다. 학교에 잘 적응해야 학습도 잘할 수 있어요. 새로운 환경에 익숙해질수록, 아이는 주위 자극에 대한 스트레스와 에너지를 줄이고 핵심 정보에 집중할 수 있으니까요. 재학생은 학교 적응 프로그램이 없으므로 부모와 함께 새로운 교실, 가까운 화장실, 급식실 등을 가보는 것을 추천합니다.

유치원에서 미리 특수교육 대상자로 선정된 아이는 입학 전에 입학 적응 프로그램을 받을 수 있어요. 특수교사는 프로그램을 준비하고 학부모에게 미리 연락하여 날짜와 시간을 알려요. 교사마다 다르지만 보통 두 가지 프로그램을 운영해요. 첫째, 학생을 대상으로 입학 전 학교 적응 프로그램(학교 견학 프로그램)을 운영합니다. 둘째, 학부모를 대상으로 입학 전 학부모 면담을 합니다. 이 두 가지는 같은 날에 이루어집니다.

● 입학 전 학교 적응 프로그램 계획 ●

1. 일정: 20××. 2. ×. (월) 9:00~11:30
2. 대상: 특수교육 대상자 입학생 1명
   ◉ 입학 전 학교 적응 프로그램 및 학부모 면담 활동

시간	내용	비고
09:00 ~ 09:30	라포 형성 활동	
09:30 ~ 10:00	등·하교 훈련	
10:00 ~ 10:30	수업 체험 활동	
10:30 ~ 11:00	학부모님 면담	아이는 놀이 시간
11:00 ~ 11:30	등·하교 훈련	

※ 쉬는 시간 10분마다 화장실 다녀오는 훈련하기

라포 형성 활동

대상의 70%에 해당하는 이미지가 첫인상으로 결정된다고 합니다. 새로운 환경에 대한 두려움이 많은 아이라면, 더더욱 첫 만남이 중요해요. 누구나 새로운 환경에 노출되면 긴장하죠. 다만, 부모의 걱정을 아이가 배우는 일은 없었으면 해요. 아이는 부모가 하는 행동만 모방하는 게 아니라 마음까지도 모방하니까요. 무심코 뱉는 부정적인 말과 표정, 억양 등은 아이에게 '학교는 두렵고 무섭고 어려운 곳'이라는 인식을 잠재적으로 심을 수 있어요. 특히 유치원과 비교하며 "초등학교에 가면 공부를 많이 해야 하고 선생님도 무서워."라는 식으로 긴장감을 주지 않았으면 합니다. 대신 초등학교에 대한 긍정적인 표현과 부모의 어린 시절 이야기를 들려주면 좋겠지요. 저는 아이의 마음이 열릴 수 있도록 학생들과 만들었던 학습 자료, 흥미로운 교구나 학습용 장난감을 전시하고 기다립니다. 그리고 아이가 저를 무서워하지 않도록 귀여운 동물이 그려진 옷을 입어요. (얼굴이 안 귀여워서 이게 최선입니다.) 아이마다 다르지만 대부분 낯선 곳에서도 자신만의 공간을 찾고 흥미로운 물건을 통해 안정감을 높입니다. 만약 불안이 높은 아이라면 가정에 있는 애착 물건을 가져와도 괜찮습니다.

반창고쌤의 교단 일기

처음으로 학교라고 불리는 낯선 공간에 초대되면 어떤 느낌일까? 한 아이가 입학 전 학교 적응 프로그램을 받기 위해 부모와 같이 왔다. 하필 겨울방학 중이라서 복도는 어둡고 학생들이 없는 교실은 삭막했다. 아이와 부모를 반갑게 맞이했지만, 두 얼굴은 긴장한 듯 굳어 있었다. 아이가 1학년이면 부모도 1학년이 된다는 말이 떠올랐다. 우선 안정을 찾을 수 있는 학습도움반으로 이동했다. 흥미로운 교구와 넓은 공간을 본 아이의 눈이 반짝이기 시작했다. 아이에게 잠시 '적응 자유이용권'을 주고 부모와 이야기를 나누었다. 이어서 아이의 적응 활동도 가졌다. 자주 가야 하는 시설과 1년 동안 배우게 될 교실에서 아이가 좋은 추억을 많이 쌓기를 바라고 또 바랐다. 적응 프로그램을 모두 마칠 때쯤 아이와 나의 관계는 아주 부드러워졌다. 그렇게 마무리를 하는데, 아이가 엄마에게 쪼르르 달려와 귀엣말로 속삭였다.

"엄마, 나 똥 쌌어."

밖에서 똥을 안 싸는데 실수했다며 학부모가 당황해했다. 하지만 나는 아이의 긴장된 마음이 모두 풀린 것 같아서 괜스레 뿌듯했다. 이곳이 집처럼 편해졌나 보다.

등·하교 훈련

교문에서 시작하는 등교 활동과 교실에서 시작하는 하교 활동을 2~3회 가져요. 많은 곳을 다니면 아이가 혼란스럽기 때문에, 배정된 교실, 근처 화장실, 급식실, 학습도움반을 중심으로 훈련해요. 저는 1층 학습도움반, 2층 1학년 교실, 3층 급식실과 강당으로 구분하여 아이가 층과 장소를 연결 짓도록 도와줍니다. 이때 장소마다 스탬프를 찍어 주는 미션 활동까지 곁들이면 아이는 더 재미있게 참여할 수 있어요. (다 찍으면 작은 선물도 주지요.) 특수교사는 격려와 안전 지도를 하면서 학생이 혼자 잘 이동하는지, 층은 잘 구분하는지, 화장실은 스스로 이용할 수 있는지 등을 살핍니다. 부모가 근처에 있으면 아이가 의지하기 때문에, 보통 멀리 떨어져서 참관해요. 모든 교사가 같은 프로그램을 하는 것은 아니라서, 부모가 아이의 긴장을 풀어 줄 수 있는 활동을 별도로 만들어도 좋아요. 그리고 2~6학년 아이도 학교 적응 프로그램을 부모와 했으면 합니다. 개학 후에 자기 교실을 찾는 건 쉬운 일이 아니에요. 앞서 이야기한 것처럼 교실, 화장실 등을 찾을 때마다 준비한 스탬프에 도장을 찍어 주거나 스티커를 붙이는 미션 활동을 추천합니다. 아이가 부모에게 학교를 소개하는 가이드 역할을 맡는 것도 좋은 방법이에요.

좀 더 알아봅시다

학교 속 장소 찾기
활동지 예시 »

우업 체험 활동

· · · · · · · · · ·

짧은 시간 수업을 진행합니다. 아이에게 부담이 없는 색칠하기, 만들기 등의 활동을 주로 하는데, 저는 '도입-활동-정리'의 수업 절차대로 진행해요. 이때 교사는 손 조작 활동, 의사소통, 학습 태도, 지시 따르기 등을 중심으로 아이의 수준을 가볍게 점검합니다. 국어나 수학 수준은 학부모가 알려 준 정보를 바탕으로 추후 다양한 테스트를 하면서 점검하지만, 수업 체험 시간에 기초적인 수준을 파악하기도 해요.

손 조작 활동	풀, 가위, 연필 등을 잘 사용하는가?
	스티커를 스스로 뗄 수 있는가?
	종이를 바르게 접을 수 있는가?
	선을 따라 그릴 수 있는가?
	간단한 퍼즐을 맞출 수 있는가?
	이름을 바르게 쓸 수 있는가?
의사소통 활동	자기 생각을 말로 표현할 수 있는가?
	대화 중에 눈맞춤을 적절히 하는가?
	교사가 한 말을 바르게 이해하는가?
	다른 사람에게 적절하게 질문할 수 있는가?
	말할 때 목소리가 크거나 작지 않은가?
	교사가 이야기할 때 끝까지 듣는가?
	끊김 없이 유창하게 말할 수 있는가?
	표정, 몸짓으로 감정을 잘 표현하는가?
	말의 차례를 주고받을 수 있는가?
	주제에 어울리는 말을 할 수 있는가?

지시 따르기	지시를 듣고 이해할 수 있는가?
	지시를 잊지 않고 끝까지 수행할 수 있는가?
	지시를 따르는 과정에서 생기는 문제에 대처할 수 있는가?
	지시에 맞는 자원(예: 책, 색연필)을 찾을 수 있는가?
	지시의 순서를 이해하고 있는가?
사회적 기술	인사를 바르게 할 수 있는가?
	'미안해', '고마워' 등과 같은 말을 상황에 맞게 하는가?
	기본 예절을 지킬 수 있는가?
	교사나 다른 학생과 협력하여 공동의 목표를 달성할 수 있는가?
	놀이 규칙을 알고 지킬 수 있는가?
	맡은 역할을 알고 따를 수 있는가?
학습 태도	의자에 바르게 앉아 있는가?
	수업에 주의 집중을 잘하는가?
	칠판을 잘 보는가?
	문제를 스스로 해결하려고 노력하는가?
	공부할 때 주변 환경에 영향을 받는가? (예: 소음, 지우개 가지고 놀기 등)
	학습 전환이 올바르게 이루어지는가? (예: 그리기 활동 후 종이접기로 전환하기)
	긍정적인 태도로 참여하는가?

학부모 면담

· · · · · · · · · ·

아이가 교실을 탐색하는 동안 학부모는 '개별화 교육 계획을 위한 사전 조사서', '개인정보 동의서' 등의 서류를 작성해요. 학생 정보를 서류의 칸이 부족할 정도로 적는 학부모도 있고 헉 소리 나도록 아주 짧은 한 줄만 적는 학부모도 있어요. 아이에 대한 기초 자료는 원만한 학급 생활, 수업, 친구 관계 등에 중요한 참고 자료가 되기 때문에 자세히 적는 것을 추천합니다. 예를 들어 좋아하는 캐릭터가 포켓몬스터라면 교사는 수업 활동에 소재로 활용하고 학습 동기를 자극하기 위해 포켓몬스터 스티커를 활용할 수 있어요. 서류 작성이 끝나면 면담 시간을 가져요.

특수교사는 특수학급의 전반적인 운영 과정을 안내해요. 교육과정, 1년 학급 운영 흐름, 체험 활동, 행사, 주의할 점 등 학부모가 궁금해하는 사항을 위주로 설명하지요. 하지만 더 중요한 것은 아이에 대한 정보입니다. 미처 서류에 적을 수 없는 부분이나 강조할 점을 공유해야 해요. 교사와 이야기 나누면 좋을 내용을 리스트로 정리해 보았습니다. 재학생 학부모라면 3월 초 개별화 교육 지원팀 회의에서 정보를 공유해 주세요. 특수교사가 교육 계획과 행동 중재 계획을 짜는 데 큰 도움이 돼요.

학생 정보	좋아하거나 싫어하는 것은 무엇인가요? (음식, 간식, 캐릭터, 장난감 등)
	스스로 할 수 있는 활동은 무엇인가요?
	현재 학습 수준은 어떻게 되나요?
	아이의 수면 패턴은 어떻게 되나요?
	아이가 좋아하는 학습 방법이 있나요?
	친구들과의 관계는 어떤가요?
	아이의 장·단점은 무엇인가요?
	스스로 식사 도구를 사용하나요?
	골고루 음식을 먹나요?

가정 정보	교사도 알아두면 좋은 양육 노하우는 무엇일까요?
	아이를 키울 때 특히 주의했던 점은 무엇인가요?
	훌륭한 생활 습관이나 고쳐야 할 생활 습관이 있을까요?
	가정에서 교육은 어떻게 하고 있나요?
	TV, 컴퓨터, 스마트폰을 얼마나 자주 사용하나요?
기타 정보	복용하는 약이 있나요?
	알레르기가 있나요?
	현재 다니는 교육기관이 있나요?
	아이의 등·하교는 어떻게 하나요?
	아이나 학교에 바라는 점이 있나요?
	가정 외에 자주 접하는 환경은 어디인가요?

정보는 아이의 마음을 열 수 있는 열쇠랍니다. 이 열쇠로 교사는 학생에게 더 가까이 접근할 수 있고 입체적인 시선으로 바라볼 수 있어요. 겨울왕국 캐릭터를 좋아하는 아이라면 공부를 끝낼 때마다 보상으로 캐릭터 도안을 선물할 수 있고, 한글 공부도 해당 애니메이션의 일부 장면을 활용할 수 있어요. 가정의 선생님인 학부모의 적극적인 협조가 필요합니다.

제게는 잊지 못할 학부모들이 있어요. 어떤 분은 면담 시간에 인자하게 웃으며 편지를 건네시더군요. 거기에는 부모의 사랑이 물씬 느껴지는 아이에 대한 정보가 있었어요. 또 어떤 학부모는 아이의 병에 관한 정보를 인쇄물로 만들어 주었어요. 자식을 위한 따뜻한 마음이 느껴져서 감동하였답니다.

전학을 오는 학생 역시 학교 적응 프로그램과 비슷한 절차를 가졌으면 좋겠어요. 미리 특수교사와의 면담 일정을 잡은 뒤, 해당 날짜에 아이와 함께 학교에 가면 어떨까요? 약속 시간보다 이른 시간에 학교 견학을 한 뒤에 학습도움반에 들러서 선생님을 만나면 아이에게 큰 도움이 될 거예요. 수업 체험을 할 순 없지만 그래도 자연스럽게 학교 적응 프로그램이 완성됩니다.

Q. 우리 학교는 입학 전 학교 적응 프로그램을 한다는 말이 없어요.

A. 우선 아이가 예비 1학년 특수교육 대상자여야 참여할 수 있어요. 집 근처 초등학교에 배정되면, 특수교사에게 전화해서 프로그램이 있는지 확인해 보세요. 만약 프로그램이 없다면 아이가 학교생활이 처음이라서 입학 적응 프로그램이 필요하다고 말해야 해요. '아니요. 안 합니다'라고 말할 선생님은 없을 거예요. 입학 적응 프로그램은 교육청에서 현황 파악을 하는 사항이라서 교사가 일부러 빼먹는 일은 없어요. 배치되는 아이가 없다고 착각했을지 모르기 때문에 소통이 중요합니다.

아울러 적응 프로그램의 대상은 특수교육을 받는 학생이에요. 따라서 '완전 통합'(완전 통합에 대한 설명은 48쪽 참고)으로 배치된 예비 1학년 학생을 대상으로도 입학 적응 프로그램을 운영해요. '우리 아이는 학습도움반에서 다니지 않을 거니까 입학 적응 프로그램은 필요 없어'라고 생각하기보다는 아이를 위해서 필요한 정보

를 듣고 적응의 기회를 주는 시간이 되었으면 해요. 아이가 교사
와 교류하고, 학교를 경험하는 것만으로도 큰 의미가 있어요.

학습 준비 시간

학습 능력 개발

2022 개정 교육과정에서는 한글 교육을 강화하기 위해서 국어 시수를
34시간 늘렸습니다. 하지만 예비 1학년이라면 한글을 충분히 배우는 것을
추천해요. 안타깝지만 천천히 배우는 만큼 미리 시작하는 것이 좋아요. 다
만 꼭 떼야 한다는 강박은 가지지 마세요.

한글을 배우면 아이의 행동도 달라져요. 집중하는 시간이 생기고 의자
에 앉는 시간이 늘어나지요. 제일 중요한 것은 학부모의 긍정적인 반응이
에요. 10개 중 하나를 맞아도 시도한 것에 반응해 주세요. 아이는 성취에
즐거움을 자주 느껴야 합니다. 수학은 수 감각, 비교하기, 분류하기를 익
히도록 합니다. 재학생은 1, 2월에 다음 학기를 예습하되 기존 학년의 학
습 성취가 부족하다면 복습에 초점을 맞춥니다. 적은 양이라도 꾸준히 학
습해야 해요. 시작은 받아쓰기 1문제, 연산 1문제라도 좋아요.

사회적 능력 개발

기본예절과 사회 규칙을 실천하도록 합니다. 부모에게 높임말을 쓰고 감사를 표현해요. 아동용 드라마나 애니메이션을 함께 시청하고 이야기를 나누어요. 올바른 점, 고쳐야 할 점, 인물의 감정, 상황 등의 모든 정보가 아이의 사회적 능력을 키워 준답니다. 아이가 할 수 있는 역할을 주는 것도 중요해요. 하나의 역할을 주어도 좋고 아침 역할, 점심 역할, 저녁 역할을 하나씩 주어도 좋아요. 예를 들어 아침에는 이불 개기, 점심에는 책 정리하기, 저녁에는 불 끄기를 정할 수 있어요. 집안일을 도와주면 아이의 사회적 능력뿐만 아니라 자기효능감도 올라가요.

신체적 능력 개발

가장 필요한 신체적 능력 세 가지를 고르라고 하면 손 조작 활동, 즐거운 신체 활동, 규칙적인 행동입니다. 필기를 자주 하지 않으면 글씨 쓰기가 어색해져요. 매일 한 줄 감사 일기를 쓰거나 매일 한 줄 감정 일기를 쓰면 손 조작에 좋아요. 에너지를 발산할 수 있는 신체 활동은 반드시 가져야 해요. 축구, 줄넘기, 산책 등의 신체 활동은 자기 통제력을 높여 주고 심리적인 안정과 집중력 향상에도 도움이 됩니다. 아이의 몸과 마음을 동시에 건강하게 하고 싶다면 신체 활동은 필수예요. 마지막으로 규칙적인 행동도 중요해요. 불규칙한 생활을 하다가 새 학기 때 고생하는 아이를 자주 봅니다. 생활 루틴, 운동 루틴을 만들면 삶이 안정되고 성장의 좋은 밑거름이 될 거예요.

✦❋ **2장**

연간 교육 과정을
알면
1년이
바뀝니다

가장 중요한 첫 단추, 3월 과정

올바른 적응의 시기

초등학생은 세 차례의 큰 변화를 겪습니다. 1학년, 3학년, 6학년이 그렇지요. 그중 가장 큰 변화는 1학년에 있다고 생각해요. 유치원과 전혀 다른 분위기의 학교 환경에 적응해야 합니다. 바닥에서 놀 수 있는 공간은 협소해지고, 공부하려면 의자에 40분이나 앉아야 하며, 학교 구조도 유치원보다 복잡해요. 또래보다 배움이 느렸던 제 경험을 전하자면, 초등학교 1학년 2학기 때 전학을 가는 바람에 새 학교에서 혼자 적응해야 했어요. 힘들게 등·하교를 하고 교실과 화장실만 다녔지요. 고학년이 되어도 음악실, 과학실을 찾아 헤맸던 기억은 지금도 생생합니다. 그래서 음악실, 과

학실, 강당 등을 못 찾는 아이들의 마음을 누구보다 잘 이해해요.

　1학년 1학기 적응 기간은 약 3주입니다. 이 기간에 급식실, 도서관과 같은 학교 시설의 기능과 위치를 배우고, 학급에 적응할 수 있도록 통합학급교사가 도움을 줍니다. 학습도움반에서는 학년에 상관없이 3월에는 '통합학급 적응 기간'을 둡니다. 통합학급 적응 기간이란 학생이 학습도움반에서 공부하지 않고, 온전히 통합학급에서 배우고 적응하는 시기를 말해요. 왜 통합학급에서만 시간을 보내는 걸까요? 첫째, 환경에 적응하기 위해서입니다. 통합학급만으로도 아이에게는 새로운 환경이에요. 거기에 학습도움반까지 왔다 갔다 하라고 하면 혼동의 연속일 거예요. 학습도움반은 추후 교사의 인솔이나 또래 친구와 함께 다니면서 적응해도 충분해요. 둘째, 학급의 소속감을 느끼기 위해서입니다. 소속감은 사회적 연결성을 높이고 정서적 안정감을 주며 같은 반 친구라는 공감대를 형성해요. 게다가 학기 초 통합학급의 수업은 학급 규칙을 만들고, 친구를 알아 가며, 소속감을 높이는 즐거운 활동을 많이 해요. 처음부터 아이가 국어, 수학 시간에 학습도움반으로 가면 함께 관계를 맺는 시간이 줄어들 수밖에 없지요. 셋째, 통합학급교사가 아이를 알아 가는 시간이 됩니다. 아이를 꾸준히 보면서 특성을 파악하고, 교육이 필요한 부분을 판단하게 되며, 도움이 필요한 경우 특수교사와 학기 초에 협의하는 소중한 시간이 생깁니다.

　2학년부터는 통합학급 적응 기간이 선생님마다 조금씩 다릅니다. 대부분 1~2주이지만, 학생에 따라 3주를 잡거나 아니면 적응 기간 없이 학기를 시작하기도 해요. 이 시기에 특수교사는 개별화 교육 지원팀 구성,

학생의 정보 공유, 1년 과정을 위한 학급 운영 계획 작성, 개별화 교육 계획 초안 작성(학기 및 월별 계획), 학생에게 맞는 교육과정 재구성, 교구나 수업 자료 준비, 통합학급 또는 학교 전체를 대상으로 하는 장애 인식 개선 교육 실시, 학생에게 필요한 검사 등의 다양한 활동을 합니다. 아이 입장에서는 혼란스러운 시기이므로 부모는 새로운 정보를 줄여 주거나 미리 익숙해지게 할 필요가 있어요. 예를 들어 2주간 부모와 함께 등·하교하기, 가정 학습량을 줄이거나 난도 낮추기, 아이의 학교 이야기 들어 주기, 일과를 규칙적으로 생활하기, 격려와 칭찬하기, 능숙한 학습 습관 가지기 등이 필요해요.

Q. 우리 아이는 4학년인데, 왜 3월에 적응 기간을 가지나요?

A. 특수교육 대상 학생은 학습도움반과 통합학급, 두 곳을 모두 다녀요. 문제는 아이가 통합학급에서의 소속감을 잃기 쉽다는 점이에요. 새로 만난 친구들과 함께 어울리고 서로에게 적응하는 시간은 1학년이 아니라도 필요하지요. 통합학급에서 다양한 학기 초 활동을 할 때 아이가 함께 소속되는 경험을 쌓으면 좋아요. 이를 통해 친구와의 긍정적인 관계를 형성하고 학급 규칙을 배우며 '우리'라는 관계를 쌓을 수 있습니다. 되도록 함께 어울리는 것을 추천해 드려요. 물론 아이에 따라 많은 도움이 필요하거나 적응에 어려움을 겪는 상황(예: 빈번하게 울기)이

라면 융통성 있는 조치가 필요해요. 이때는 좀 더 허용적인 분위기인 학습도움반에서 아이가 안정을 취할 수 있어요. 요즘은 학교에 '심리안정실'을 따로 두고 아이의 마음을 차분하게 돕는 장소로 이용하기도 한답니다.

분리불안

사람은 누구나 애착을 갖는 사람과 떨어지면 일시적인 불안을 느낍니다. 자라면서 차츰 불안 증상이 낮아지지만 어떤 아이는 스트레스와 불안이 지속적으로 높아서 일상생활까지 힘들어요. 특히, 유치원과 전혀 다른 환경으로 전환되는 초등학교 시기가 그렇지요. 낯선 환경이 무섭고 부모와 떨어지기 싫어서 오랜 기간 울 수 있어요. 불안 때문에 대·소변을 참다가 평소에 하지 않는 실수를 범하기도 해요. 초등학생의 5%가 분리불안 장애를 경험한다고 합니다. 개인 기질, 사회 환경, 양육 방식 등 원인은 다양해요. 이사나 전학 때문에 생길 수도 있고, 부모와 밀착된 생활을 하다가 떨어져서 불안이 찾아올 수도 있어요. 또래에게 상처받아서 불안이 높아지기도 해요. 아이의 기질이 의존적 성향인데 부모가 아이를 과보호하는 성향이거나 아이를 과하게 독립시키는 성향이라면, 아이는 분리되는 상황에서 스트레스를 많이 받을 수 있어요. 그 밖에 유전적인 요소도 영향을 줄 수 있어요.

DSM-5 분리불안장애 진단 기준 »

어떻게 하면 분리불안을 줄일 수 있을까요? 먼저, 가장 안정적인 가정에서 분리를 경험해야 합니다. 떨어져 있는 게 불안한 이유는 혼자 있으면 안 좋은 일이 생길 것 같은 두려움이 들거나 엄마라는 든든한 존재가 영원히 사라질 수도 있다고 믿기 때문이에요. 특히 엄마가 없으면 불안해하죠. 마치 '대상의 영속성' 개념을 잊은 것처럼요. 대상의 영속성이란 물체를 가리고 있어도 그곳에 물체가 있다고 믿는 것을 말합니다. 아이들은 아이스크림을 냉장고에 넣어도 아이스크림이 사라지지 않는다는 것을 알고 있어요. 하지만 대상의 영속성을 의심하게 되면 엄마가 눈에 보이지 않을 때 엄마가 사라질까 봐 불안해져요.

안정적인 분리 교육의 시작은 같은 공간에서 다른 활동을 하는 것(예: 거실에서 엄마는 책을 읽고 아이는 장난감을 가지고 놀기)부터 합니다. 사전에 잠시 할 일이 있다고 말하고 시간을 정해요. 짧은 시간 동안 시도하고 아이가 적응하면 점차 시간을 늘려요. 다음 단계는 공간을 달리합니다(예: 엄마는 거실에 있고 아이는 방에 있기). 시간을 점차 늘려 주고 이에 따른 피드백(동기부여, 격려, 보상 등)을 제공해요. 이후에는 부모가 잠깐 현관 밖으로 나가거나 쓰레기를 버리고 오는 짧은 외출 활동을 해요. 불안을 줄이기 위해 홈 카메라(CCTV)로 대화하거나 아이의 전화기에 연결한 상태로 나갈 수 있어요. 점차 소통을 줄이고 밖에 있는 시간을 늘리는 거죠. 아이가 등교할 때도 단계적으로 멀어져요. 교실 문 앞에서 부모와 헤어지기, 계단에서 헤어지기, 1층 출입구에서 헤어지기, 교문에서 헤어지기 등 단계별로 아이와 멀어지는 훈련을 합니다. 점점 시간을 늘리는 방법도 있어요. 예를 들어 1교시 수업을 마치고 하교하기, 2교시 수업까지 마치고 하교하기, 점심 먹고 하교하기와 같이 시간을 점차 늘려요.

둘째, 아이에게 안정감을 제공합니다. 애착 물건 만지기나 애착 활동을 허용해요. 애착 이불을 손수건 크기로 잘라서 주머니에 넣고 다니거나 좋아하는 인형을 가방의 지퍼에 끼워서 불안할 때마다 한 번씩 만지게 해요. 의지할 수 있는 친구를 만나는 것도 불안을 줄이는 방법이에요. 아이가 좋아하는 친구와 돈독한 관계가 되도록 지원하고 부모끼리도 교류하는 것을 추천해요.

셋째, 긍정적인 마음을 보여 주어야 합니다. 아이가 불안해할 때 부모가 감정적으로 대응한다면 안정을 찾기 힘들어요. 느긋하고 편안한 모습으로 불안해하는 아이의 마음을 받아 주세요. 학교에 가는 게 부럽고 학교생활이 기대된다는 이야기를 아이와 나누며 부모의 학창 시절도 공유해요.

넷째, 전환을 위한 시간을 제공합니다. 가정에서 갑자기 학교 갈 시간이라고 하기보다 30분 뒤에 학교에 갈 거라고 미리 알려요. 시각적으로 볼수 있도록 파이 타이머를 쓰거나 시계의 긴 바늘이 6에 오면 나갈 거라고 말해 주세요. 안정적인 전환을 위해 시각적인 이미지가 있는 시간표를 활용하면 좋아요.

그 밖에 규칙적인 일상생활을 유지하는 것도 필요해요. 일정한 루틴대로 생활하면 아이가 상황을 예측할 수 있어서 생활에 안정감을 가질 수 있어요. 부모 혼자 고민하기보다는 특수교사와 협력하는 것도 필요해요. 학습도움반이 아이의 정서적 안정감을 주는 쉼터 역할을 할 수 있어요.

한 가지 주의해야 할 점이 있습니다. 결과만 보고서 분리불안이라고 단정 짓지는 말아 주세요. 4학년 예인이는 학교에 잘 다녔지만, 집에서는 달랐어요. 근처에 엄마가 없으면 불안해했지요. 혼자 있는 집에서 누군가 문을 세게 두드리고 간 뒤부터 아이는 3개월간 엄마와 떨어지면 울었어요. 5학년 승훈이는 하굣길에 친구들에게 놀림 받은 뒤로 학교 가기를 무서워했어요. 3학년 수연이는 친한 친구가 없고 공부 스트레스가 심해서 엄마만 찾았어요. 부모가 보면 모두 분리불안이 있는 것처럼 보이지만, 사실 이건 분리불안장애는 아닙니다. 원인을 제거하면 아이의 행동은 바뀔 수 있어요.

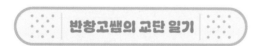

반창고쌤의 교단 일기

1교시가 시작하자마자 통합학급 선생님에게 전화가 왔다. 당황한 외마디만 듣고도 우려했던 일이 벌어졌다는 걸 알았다.

"네, 지금 올라가겠습니다."

급히 교실 문을 열고 뛰었다. 1층인데도 준수의 우는 소리가 또렷이 들렸다. 4층 복도에는 꺼이꺼이 울고 있는 준수가 보였다. 이미 얼굴은 눈물 콧물 범벅이었다. 준수는 엄마와 헤어질 때마다 매일 꺼이꺼이 울었고, 2시간 정도 울고 나서야 안정을 찾았다. 준수 어머님은 늘 죄인처럼 죄송해했다. 그때마다 어머님을 위로하며 준수를 위하는 방법을 더 고민하게 되었다.

"준수 어머님, 저는 아이의 성장과 반복의 힘을 믿어요. 준수도 곧 적응할 테니 너무 염려하지 마세요."

진짜 그랬다. 아이는 꾸준히 성장한다는 사실과 반복하면 결국 할 수 있다는 믿음이 어긋난 적은 없었다. 다만, 시간이 걸릴 뿐이었다. 스스로 안정을 취할 수 있는 공간, 애착 물건, 좋아하는 활동이라는 3단 콤보가 준수의 마음을 도와주었다. 가끔은 내 코가 준수의 마음을 달래 주었다. 이상하지만 내 코를 만지면서 종종 안정을 찾는 아이들이 몇 있었다. 뭐든 어떠하리. 아이가 안정만 된다면야. 2달 가까이 울었던 준수는 결국 안정을 찾았고 더는 학교에서 우는 일이 없었다. 그리고 준수 덕분에 내 코가 높아진 것 같다.

특수교육 대상자 선정이란?

특수교육 대상자라는 말에 큰 거부감을 가진 학부모들이 있습니다. 아이에게 딱 맞는 맞춤형 교육 서비스를 학습도움반에서 제공한다고 하면 느낌이 다를까요? 제가 아이들에게 학습도움반을 소개할 때 하는 비유가 있습니다. 학습을 완성하는 계단이 있다고 하죠. 대부분의 아이는 나름의 보폭으로 계단을 오르지만 어떤 아이들은 계단이 너무 높아서 한 발도 올라갈 수 없습니다. 어떻게 하면 될까요? 그때는 계단 사이에 '작은 디딤돌'을 두면 누구나 똑같이 학습의 계단을 오를 수 있습니다. 시간의 차이가 있을 뿐이에요. 작은 디딤돌이 특수교육이고 특수교사이며 학부모라고 생각해요. 아이가 가질 수 있는 교육 권리를 지켜 주세요. '유치원 선생님이 초등학교에 가면 특수 선생님과 상담해 보세요'라고 했다며 연락하는 학부모가 종종 있습니다. 특수교육에 관해 아는 정보가 적어서 학습도움반이 어떻게 운영되는지, 아이는 무엇을 배우게 되는지 궁금해합니다. 혹시 특수교육을 받게 되면 평생 장애인 취급을 받진 않을까, 학교에서 아이가 무시당하진 않을까 걱정하기도 해요. 이 부분은 앞으로 차근차근 설명해 드리겠습니다.

분명한 것은 빠른 지원이 아이에게 큰 힘이 된다는 사실이에요. 어떤 학부모는 좀 더 빨리 치료 지원을 받기 위해 유치원 때부터 특수교육 대상자 선정 절차를 신청해요. 특수교육 대상자가 되면 치료 기관에 대한 지원을 받을 수 있고, 장애 등록까지 하면 복지부 바우처 예산도 받을 수 있거든요. 안타까운 경우는 배움이 조금 느린 아이입니다. 아이의 성장이 걱정될 때쯤 조금씩 따라가기 때문에 특수교육 대상자로 선정되는 시기가 늦어요. 부모 입장에서는 조금 늦다고만 생각합니다. 그래서 2~3학년 때까지 지켜보는 학부모도 있어요. 하지만 3학년부터는 교과 내용이 어렵습니다. 그때 가서 특수교육 대상자로 선정 받고 학습도움반에서 배울 순 있지만 늦은 감이 있어요. 필요한 교육 중재 시점을 놓치면 아이의 성장은 그만큼 더디게 발전하니까요. 가끔 5, 6학년에 가서 선정 절차를 밟는 일도 있어요. 중학교 수업을 따라가지 못할까 걱정이 되어서 뒤늦게 신청하는 것이지요. 학부모의 마음은 이해되지만, 그동안 아이가 혼자 겪었을 스트레스를 생각하면 참 속상해요. 적절한 교육은 빠르면 빠를수록 좋아요.

특우교육 대양자 진단 평가 의뢰 철차

그러면 본격적으로 특수교육 대상자 선정을 위한 진단 평가 의뢰 절차를 단계별로 알아보겠습니다. 우리나라는 별도의 기구를 통해 진단 평가와 심의를 하고 있는데요, 진단 평가(선정 배치) 의뢰는 언제든 가능하고 선정 절차에 드는 비용은 없어요. 궁금한 사항은 특수교사나 지역 내 특수교육지원센터에 문의하면 됩니다.

1. 학부모나 학교에서 진단 평가 신청하기

학교에서 해야 하는 서류 절차입니다. 학부모가 특수교사에게 진단 평가 절차를 문의하면 관련 서류를 받을 수 있어요. 매월 초마다(예: 매월 7일 전) 신청받으니, 날짜에 맞추어 서류를 준비하면 다음 달에 의뢰 결과를 받을 수 있어요.

진단 평가 의뢰서 »

절취선 전까지의 내용을 학부모가 작성해요. 작성 항목 중에 '희망교육배치'라는 것이 있는데, '특수학급'과 '일반학급' 두 가지 중에서 하나를 선택하도록 되어 있습니다. '특수학급'은 일부 교과(보통 국어, 수학)만 특수학급(학습도움반)에서 배우는 형태를 말

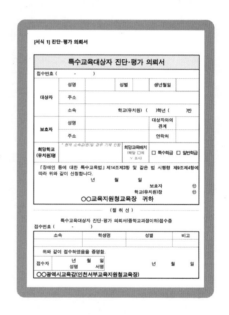

해요. 나머지 수업 시간은 일반학급(통합학급)에서 배우기 때문에 '부분 통합'이라고도 해요.

'희망교육배치' 중 '일반학급'은 아이가 특수학급에서 수업을 받지 않고 일반학급에서만 공부하는 형태로 '완전 통합'이라고도 불러요. 치료 지원, 방과후 지원 등의 서비스 예산만 받아요.

보호자 의견서 »

보호자 의견서는 학부모가 전부 작성해야 해요. 학습(발달) 수준, 적응행동기술(또래 관계, 신변자립 등 사회적 기술), 정서 및 행동 특성(학습과 연결 지어 기록), 선정 의뢰 사유 등을 최대한 '자세히' 기록해야 해요. 그래야 정확한 심의에 도움이 됩니다.

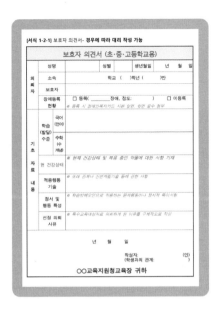

학부모가 먼저 특수교육 대상자를 신청하기도 하지만 일반교사의 걱정에서 시작되기도 합니다. 학생이 2학년인데 아직도 기본 연산이나 한글을 모른다면서 특수교사에게 문의하곤 해요. 이때 학생을 위해 진단 평가 절차를 밟았으면 좋겠다고 생각해도 학부모가 거부하면 선정 절차는 이루어지기 어려워요. 부모 입장에서 예상하지 못한 상황을 받아들이는 것은 어려운 일이지요. 특수교육을 받는 것이 아이에게 상처가 되지 않을까 걱정도 될 거예요. 무엇보다 아이의 상태를 짐작하고 있는 학부모는 대화가 가능하지만, 전혀 예상도 못 한 학부모는 화를 내는 경우가 많아요. 다양하게 배우는 아이를 키우는 부모는 '부정-분노-타협-우울-수용'의 과

정을 밟아요. 수용의 마음을 가진 부모라도 위 과정의 일부를 다시 겪기도 하고요. 그래서 학부모는 학습도움반의 다른 학부모나 교사와의 소통, 나만의 스트레스 해소 방법으로 숨구멍을 여러 개 만드는 것이 필요해요.

문제는 아이의 학습 방치입니다. 사실 하루라도 빨리 아이에게 눈높이에 맞는 교육을 제공하는 것이 중요해요. 일반교사는 다수의 학생을 다루기 때문에 아이들의 개별적인 수준을 고려해서 따로 진도를 나가기 힘들어요. 그러면 아이는 학습을 포기하고 학습된 무기력에 빠지지요. 뒤늦게 학습도움반에 온 학생의 공통된 특징을 보면 "(해 보지도 않고) 난 못해요. 어려워요."라는 부정어를 입에 달고 있었어요. 다시 할 수 있다는 경험과 자신감을 채우려면 꽤 오랜 시간이 걸립니다.

진단 평가 시 아이가 가진 장애 유형을 선정하는 내용도 포함해요. 장애인으로 등록되는 거냐며 거부감을 나타내는 학부모도 간혹 있는데, 정확히 말씀드리면 장애인으로 등록되는 것이 아니라 특수교육(아이의 교육적 요구에 적절한 교육)을 받는 대상자가 되는 거예요. 장애인과 특수교육 대상자는 같은 뜻이 아니에요. 장애인 등록은 별도의 절차를 밟아야 합니다. 특수교육 대상자는 좀 더 눈높이에 맞는 교육을 체계적으로 받는 학생을 말해요. 저는 공부를 맞춤형으로 배울 수 있는 자격이 생기는 거라고 학부모에게 설명해요. 그리고 학부모가 원하면 특수교육 대상자 자격은 언제든 취소할 수 있어요. 아이가 성장해서 일반학급만 다녀도 되면 취소해도 괜찮아요. 별도로 취소하지 않는다면 중, 고등학교 때까지도 자격이 유지됩니다.

2. 특수교육지원센터 진단 평가 실시하기

특수교육지원센터는 학부모와 소통하여 진단 평가를 위한 일정을 잡아요. 학부모는 약속한 날짜에 아이와 함께 특수교육지원센터에 방문합니다. 가장 중요한 단계예요. 아이는 장애 유형에 맞는 검사를 받아요. 아이에 관한 임상적인 판단도 하고, 의문점이 들면 현장의 특수교사와 소통하기도 해요. 학부모의 역할도 중요해요. 학부모는 전문교사와 면담을 가지는데, 아이에 관한 객관적인 사실을 솔직하게 이야기해야 합니다. 이를 위해 방문 전에 아이의 모든 정보(생활, 학습, 습관, 의미행동 등)를 머릿속에 정리하면 좋아요. 소수의 학부모는 특수교육 대상자로 선정되고 싶어서 아이의 정보를 더 부정적으로 말하기도 해요. 일반학급 교사와 특수교사 그리고 전문교사의 정보를 토대로 아이를 판단하기 때문에 학부모의 그릇된 말은 신뢰감만 잃게 할 수 있습니다.

3. 특수교육운영위원회에서 특수교육 대상자 선정, 배치 등 심의하기

전문가들이 모여 진단 평가 결과를 분석하고 선정 여부를 결정해요. 아이가 어려서 정확한 장애 유형을 선정하기 어렵다면 '발달지체'로 선정합니다. 발달지체란 영아 및 9세 미만(법적 나이는 모두 만 나이)의 아동으로 또래에 비해 현저하게 더딘 경우를 말해요. 보통 3학년 생일이 지나기 전에 다시 진단 평가를 의뢰하여 장애 유형을 결정해요. 절차는 처음보다 간편해서 부모가 특수교육지원센터에 방문하지 않아도 돼요.

주의할 점은 진단 평가를 한다고 아이가 무조건 학습도움반에 배치되는 건 아니라는 점이에요. 보통 두 가지 이유로 선정이 안 되기도 해요. 첫째, 아이가 어릴수록 판단이 어려워요. 그러다 보니 심의가 까다롭습니다. 둘째, 아이의 지능과 사회적 기술이 좋아서 선정에서 탈락하기도 해요. 때에 따라 경계선이나 느린 학습자여서 검사 결과가 더 좋게 나올 수도 있어요. 그중 일부 학생은 1, 2학년 때 선정에서 떨어졌다가 3~6학년 때 다시 신청해서 선정되기도 해요. 학년이 올라갈수록 또래와의 학습 격차가 2년 이상으로 커지기 때문이에요. 학부모가 정확한 판단을 내리기 힘드니 저학년 때 선정이 되지 않았다면 중학년 때 다시 시도해 보는 것을 추천합니다.

4. 보호자에게 진단 평가 의뢰 결과 및 교육 지원 내용을 서면으로 통지하기

특수교육지원센터는 진단 평가 의뢰 결과를 통지하고, 통지를 받은 특수교사는 배치 결과 통지서(원본)를 학부모에게 전달해요. 배치 결과 통지서에는 특수교육 대상자 선정 여부, 교육적 배치, 장애 영역 등이 쓰여 있어요. 교육적 배치는 일반학급 배치, 특수학급 배치, 특수학교 배치로 구분돼요. 장애 영역은 특수교육 대상자의 유형을 말하며 법적 기준에 따라 해당 장애 영역으로 선정됩니다.

5. 특수교육 대상자 배치하기

대상자는 매월 1일 자로 배치돼요. 예를 들어 4월 5일에 서류를 접수

하면 5월 1일 자로 선정 여부를 알 수 있어요. 종종 학부모가 배치 결과의 선택을 바꾸기도 해요. 예를 들어 일반학급(완전 통합)을 신청했는데 아이가 생각보다 교실에서 어려움을 겪는다면 특수학급(부분 통합)으로 재배치할 수 있어요. 이 또한 진단 평가 의뢰와 같은 절차로 진행합니다만, 특수교육지원센터에 가서 다시 검사받는 일은 없어요. 재배치 역시 심의를 위해 한 달의 기간이 소요돼요. 재배치의 이유가 분명하고 즉각적인 지원이 필요한 아이라면 교사의 재량으로 미리 선배치하여 교육을 실시하는 경우도 있어요. 교육이 필요한 아이를 한 달 동안이나 방치할 수는 없으니까요. 나중에 문제가 되지 않게 개별화 교육 지원팀 회의를 열고 회의록에 그 이유를 자세히 기록해요.

좀 더 알아봅시다
특수교육 대상자 선정 기준 》

개별화 교육 지원팀 활동

3월이 되면 개별화 교육 지원팀 회의를 실시합니다. 팀원은 교장 또는 교감(위원장 또는 팀장), 학부모, 특수교사, 통합학급교사, 특수교육실무사,

보건교사 등 아이의 특성과 교육지원에 따라 다양하게 구성해요. 개별화 교육 지원팀은 아이에 관한 정보를 공유하고 아이와 관련된 모든 사항을 함께 의논해요. 정보 제공의 핵심 주체는 학부모, 특수교사, 통합학급교사입니다.

학부모는 팀원으로 중요한 역할을 해요. 가정과 지역사회에서의 아동 정보를 팀원들에게 제공하고 더 나아가 치료기관의 아이 정보 또한 제공하지요. 특수교사는 학습도움반 운영 방식이나 아이의 학교생활 정보, 교육 방향 및 계획을 제공해요. 통합학급교사는 통합학급에서의 아이 정보나 또래와의 상호작용과 관련된 정보를 제공해요.

개별화 교육 지원팀의 역할은 크게 교육과 학교생활로 구분됩니다. 먼저 교육에는 개별화 교육 계획이 가장 중요합니다. 개별화 교육 계획이란 아이에게 맞춤 교육을 제공하기 위한 교육 서비스입니다. 특수교사는 아이의 현재 학습 수행 수준, 교육목표, 교육 내용, 교육 방법, 평가 계획 및 관련 서비스의 내용과 방법 등이 포함된 문서를 작성해요. 이를 바탕으로 교사는 학생의 한 학기 교육을 진행해요. 학기 교육 계획, 월별 교육 계획과 교육 운영에 관한 이야기가 비옥한 땅에 해당한다면, 아이가 무엇을 스스로 할 수 있고, 무엇을 배워야 하며, 무엇을 가장 시급하게 해야 할까에 대한 정보가 튼튼한 모종이라고 할 수 있겠네요. 둘을 잘 조합해야 한해 교육 농사가 풍년이 됩니다. 그 밖에 교수 방법이나 평가 방법, 체험 학습 계획 검토, 가정과의 연계 교육 방안 등을 협의해요. 다음으로 개별화 교육 지원팀은 학교생활에서 아이와 관련된 중요한 사안을 협의하고 결정해요. 예를 들어 교육 배치 변경, 선정 절차 취소, 변화가 필요한 의미행동 중재, 안전한 학교생활을 위한 지원, 따돌림에 관한 대책, 생활 지도, 시간표 변경, 인력 지원 등의 사안을 논의합니다. 한 학기의 학급 운영 과정을 알면 학부모는 자녀에 대한 이해도가 달라지고 자녀의 성장은 더 빨라질 수 있어요.

지원팀은 1년 동안 운영합니다. 특별한 일이 없다면 매 학기 회의를 한 번 가져요. 다만 학교마다 개별화 교육 지원팀 회의 방식은 다를 수 있어요. 첫째, 모든 팀원이 모여서 한 번에 회의하는 방식이 있어요. 둘째, 저학년, 고학년 2개의 팀으로 나누어 회의하는 방식이 있어요. 셋째, 아이마다 지원팀을 구성하여 회의하는 방식이 있어요. 보통 특수교사가 효율적인 팀 방식을 결정하지만, 학부모의 의견도 반영할 수 있습니다. 내 아이의 개인정보를 다른 학부모와 공유하기 꺼리는 학부모는 따로 개별화 교육 지원팀을 구성하고 싶다고 알리면 돼요. 반대로 서로의 정보를 공유하고 학부모 간의 소통과 관계를 원하는 경우는 전체적으로 하는 회의를 선호해요. 학부모가 학교에 오지 못할 때는 학부모 의견서를 제출하는 것으로 참여를 대신할 수 있습니다.

Q. 개별화 교육 지원팀 활동을 더 구체적으로 알고 싶습니다.

A. 가정·학교에서의 학생 정보 공유, 학부모 의견 청취, 구체적인 수업 운영 사항(예: 금요일은 블록 타임으로 창작 활동하기) 및 핵심 활동 안내, 수정 및 보완할 교육과정 내용, 이번 학기 개별화

교육 계획을 위한 의견 모으기, 학생 생활 중 중점을 둘 사항 정하기, 의미행동과 중재 방안 협의, 학교 내 학급 배치 변경(완전 통합, 부분 통합), 또래 도우미 활용, 체험 학습 운영, 학생 개인 정보 동의, 방과후 지원 및 치료지원 내용, 통합학급과의 연계 방안, 화재와 같은 재난 상황 시 행동지침, 통학 방법, 학생 기록 공유, 프로젝트나 거꾸로 교실 등 학습 시스템 안내, 또래와의 상호작용 방안 등을 협의해요.

Q. 아이가 스스로 학습도움반과 통합학급(원반)을 오가지 못합니다. 어떻게 할까요?

A. 통합학급교사의 안내(예: 3교시는 국어 시간이니 내려가렴), 또래 도우미 지원 활용하기나 시간표를 스스로 읽는 훈련하기 등의 방법을 찾을 수 있습니다. 또한 특수교사, 특수교육실무사(보조지원)의 도움을 받을 수도 있어요. 학생의 능력에 따라 스스로 할 수 있도록 지원하는 게 핵심입니다. 만약 시간표 변동에 큰 스트레스를 받는 아이라면 고정된 수업 시간에 내려오는 방식(고정시간표)으로 해서 스스로 가는 일을 더 쉽게 할 수 있어요. 예를 들어 매일 1, 2교시에 학습도움반에 온다면 아이는 시간표에 익숙해지기 쉬워요.

문제행동? 어긋난 행동? 도전적 행동?

'문제행동'이라는 용어는 현재도 가장 많이 쓰는 용어예요. 하지만 아이의 행동을 부정적인 시각으로 바라보는 용어라서 거부감이 있어요. 사실 전문 서적에는 문제행동을 대체할 용어가 종종 등장합니다. '어긋난 행동', '요구된 행동', '도전적 행동' 등이 있어요. 도전적 행동은 영미권에서 처음 사용한 용어로, 자기 능력을 넘어서거나 큰 노력이 필요한 상황에서 능력을 시험받기 때문에 붙여졌어요. 하지만 아이 스스로 해결하기에 버거워서 외부의 지원이 필요하다는 뉘앙스가 있고, 모르는 사람이 들을 땐 아이가 교사나 부모에게 반항하는 행동이라고 오해할 수 있어요.

그래서 제가 생각한 용어는 '의미행동'입니다. 의미를 가진 행동이라는 뜻이에요. 문제행동은 문제를 일으킨 결과 자체에 주목해요. 하지만 행동에는 기능이 있답니다. 하는 이유와 의미가 있다는 것이죠. 사탕을 먹고 싶어서 운다면 사탕을 기대하는 의미예요. 책 읽기가 싫어서 찢었다면 과제가 사라지기를 바라는 의미예요. 자주 딴짓한다면 과제가 수준에 맞지 않다는 의미예요. 용어도 가치 중립적이고 무엇보다 아이의 관점에서 바라보게 하는 점이 마음에 들어요. 게다가 이 시선에서 보면 아이가 일으킨 행동은 눈살을 찌푸리는 게 만드는 것이 아니라 '이 행동은 아이에게 어떤 의미가 있을까?' 하고 궁금살(?)을 찌푸리게 하지요.

교류와 소통이 있는 4월 과정

학부모 상담 주간

학교에는 학기별 1회의 학부모 상담 주간이 정해져 있습니다. 학교에 따라 상담 주간 대신 수시로 상담할 수 있는 시스템을 운영하는 학교도 있어요. 상담 주간은 3월에 진행하기도 하고 4월에 하기도 해요. 직접 학교에 오기 힘들면 전화도 가능하지만 되도록 대면 만남을 추천해요. 1학기에는 아직 학생에 대한 많은 정보를 교사가 가지고 있지 못해요. 따라서 학생에 대한 다양하고 깊은 정보를 교사에게 알리면 추후 지도에 큰 도움이 됩니다.

이때 아주 중요한 점이 하나 있어요. 아이에 대한 정보를 전달할 때는 부정적인 표현보다는 바라는 점을 이야기하는 것이 좋아요. 교사가 은연

중에 '아, 이 학생은 ○○○을 못하는 아이'라고 낙인을 찍을 수 있기 때문이에요. 예를 들어 "제 아이가 내성적인 성격이라서 자기 의견을 제대로 못 낼까 걱정이에요."라고 말하면 어떻게 될까요? 교사도 그런 시선으로 학생을 바라보게 됩니다. 약간 내성적인 모습만 보여도(다른 아이도 그 정도의 모습은 보임에도) '역시 내성적이네'라고 생각할 수 있어요. 교사가 배려해 줄 순 있겠지만 편견도 될 수 있어요. 아직 정해진 틀이 없는 아이를 틀속에 가두면 안 돼요.

그렇다면 어떻게 설명해야 할까요? "아이가 친구들 앞에서 발표하는 경험이 있었으면 좋겠습니다. 아직 발표 경험이 적어서 혹시 난감한 상황에 놓이면 도움 부탁드립니다."라고 말해 보세요. 원하는 행동과 방향을 교사와 함께 바라보도록 해야 해요. 단, 문제가 있는 교우관계, 자해, 때리기, 욕하기, 긴장하면 소변 실수하기 등 교사가 알아야 하는 심각한 의미 행동은 사실 그대로 알려야 해요.

[아이의 정보를 긍정적으로 전달하는 일곱 가지 말]

① 아이는 ○○○한 장점이 있습니다.

② ○○을 할 때 집중도 잘하고 열심히 하려고 합니다.

③ ○○을 어려워해서 ○학년 때 많이 배웠으면 합니다.

④ 최근에 아이가 ○○을 배우고 있습니다.

⑤ 아이가 ○○을 좋아하고 ○○을 잘합니다.

⑥ 집에서는 ○○에 중점을 두고 지도하고 있습니다.

⑦ 또래 친구와의 관계는 ○○○합니다. ○○○이 되었으면 합니다.

만약 개별화 교육 지원팀 회의(3월) 때 통합학급교사와 많은 이야기를 나눠서 특별히 4월에 할 이야기가 없다면 반드시 상담해야 하는 건 아니에요. 상담을 신청 안 한다고 교사가 이상하게 생각하지 않아요. 아울러 상담 주간이니 특수교사와의 상담 일정도 궁금해하는 학부모가 있습니다만, 꼭 상담 주간에 맞춰서 의무적으로 대화를 나눌 필요는 없어요. 그래도 상담하고 싶다면 어느 정도 학기가 시작되어 아이에 관한 교육 활동 정보가 쌓이는 5월 중순 이후에 상담을 신청하면 좋을 듯해요. 요즘은 교사마다 다양한 매체를 활용해서 소통합니다. 참고로 저는 소통 매체로 전화, e알리미, 클래스팅(앱)의 클래스톡(카카오톡 같은 도구)을 이용해요. 교사가 학기 초 필요한 매체를 안내하면 반드시 가입하고 자주 참여하여 소통의 폭을 넓혔으면 해요. 소통이 되지 않고 불편함이 쌓이다 보면 오해와 불만이 생길 수 있어요. 주의할 점은 설치한 앱은 반드시 알람을 켜 두어야 원활하게 사용할 수 있답니다. 가장 좋은 소통 도구는 학부모의 참여가 가장 많은 도구입니다.

장애인의 날 행사

장애인의 날 행사는 특수교사가 하는 행사 중 가장 큽니다. 전교나 학년 단위, 통합학급 단위로 나눠서, 장애 인식 개선을 위한 퀴즈, 게시물 전시, 글짓기, 강의 등 다양한 방법으로 행사를 진행해요. 그러다 보니 교사의 재량에 따라 행사 내용이 달라져요.

행사의 꽃은 바로 장애 인식 개선 교육(장애 이해 교육)이에요. 장애에 관한 편견을 지우고 의미 있는 정보를 배우며 협력과 이해를 위한 마음 밭을 가는 시간이에요. 만약 같은 반에 장애를 가진 친구가 있다면 친구를 위한 에티켓도 배워요. 개인적으로는 1~2학년은 배려와 협력, 다름을 인정하는 인성과 체험 중심으로 교육하고, 3~4학년은 가벼운 지식, 이해와 적용 중심으로 교육하고, 5~6학년은 심화 개념 중심으로 교육하는 것을 선호합니다. 저학년으로 갈수록 장애를 이해하기 힘들고 자칫 오개념이 생길 수 있어서 그렇습니다.

이때 교사 입장에서는 반 아이들에게 도움이 되고 다양하게 배우는 학생에게도 도움이 되는 방향으로 지도합니다만, 학부모 입장은 조금 다를 수 있어요. 대부분의 학부모는 장애 인식 개선 교육을 찬성하고 바라지만, 소수의 민감한 학부모는 부정적인 반응을 보일 때가 있어요. 그럼 저는 다시 여쭤봅니다. "그 반은 일반적인 협력과 배려를 중심으로 한 인성 교육은 어떻습니까?"라고요. 그럼 "네, 그건 괜찮아요."라는 답변을 받아요.

저는 학부모가 민감하게 생각하는 이유를 이해하기 때문에 교육 자체를 강요하지는 않습니다. 다만 장애 인식 개선 교육을 하지 않으면 난처한 일이 생길 수 있어요. 실제로 다른 학교에서 있었던 일이에요. 학생 A는 친구들이 싫어하는 의미행동을 자주 했어요. A는 친구들에게 세 보이고 싶어서 상스러운 소리를 하고 사람을 깎아내리는 말을 서슴없이 했답니다. A는 친구가 자기 말에 화내는 것이 관심이고 대화라고 믿은 거예요. 사태는 점점 심각해지고 분위기가 험악해졌어요. A 학부모에게 장애 인식 개선 교육을 몇 차례 권했지만 학부모는 거부했고, 교사는 어쩔 수 없이 다른 아이들에게 A가 민감해서 그렇다고 말할 수밖에 없었어요. 하지만 납득할 이유가 부족하다 보니, 반 아이들은 이해하는 마음보다 미워하는 마음만 쌓였어요. 그렇게 다음 학년으로 올라가면 어떻게 될까요? 행여나 친구의 예민한 사춘기 시기와 겹치면 작은 일도 큰 사건으로 번질 수 있어요. 아이를 위하는 일이 무엇인지 더 넓은 시선으로 바라보아야 해요.

또 다른 안타까운 사례도 있어요. 특수교사가 일반적인 장애에 관한 정보를 전하고 서로 배려하고 돕는 인성 교육을 했는데, 반 아이 중 불량했던 학생이 이를 다르게 받아들였어요. 그래서 같은 반이던 소심한 아이와 다양하게 배우는 아이를 왕따 취급하고 장애인이라고 심하게 놀리는 사건이 생겼어요. 교사가 중요한 가치를 교육했지만 불량한 학생은 삐딱하게 받아들인 것이죠. 끼리끼리 놀던 친구들까지 나쁜 짓을 하도록 선동했고요. 다행히 통합학급교사가 사태를 빨리 파악하고, 특수교사가 다시 몇 차례의 장애 인식 개선 교육을 지원해서 상황은 나아졌어요. 장애 인식 개선 교육은 보통 1년에 두 번 진행하지만, 아이의 상황에 따라 추가로 진행할 수 있답니다. 다음은 장애 인식 개선 교육 계획표의 예입니다.

20××학년도 1학기 장애 인식 개선 교육 활동 (인성 중심의 수업 활동)		20××학년도 2학기 장애 인식 개선 교육 활동 (인식 개선 중심의 수업 활동)	
목표	나의 다른 점을 찾고 친구의 다른 점을 이해할 수 있다.	목표	수어를 배우고 어떤 사람이 수어를 배우는지 안다.
도입	◦ 디딤돌반 소개하기 ◦ 규칙 정하기	도입	◦ 수어를 본 적이 있나요? ◦ 수어 알기
활동 1	◦ 표지 제목 예상하기 ◦ '아나톨의 작은 냄비' 동화 이야기 감상하기	활동 1	◦ 수어 퀴즈 맞히기 ◦ 수어 특징 알기
활동 2	◦ 나의 냄비 표현하기 ◦ 의견 나누기	활동 2	◦ '바나나 차차' 수어 배우기
활동 3	◦ 만약 ○○한 행동을 하는 냄비를 가진 친구를 만난 다면? ◦ 의견 모으기	활동 3	◦ 수어 그림 꾸미기 ◦ 수어로 2행시 꾸미기
평가	◦ 나에게 바라는 점 말하기 ◦ 함께 확언하기	평가	◦ 수어를 쓰는 사람에 대한 에티켓 알기 ◦ 수어를 쓰면서 느낀 점 발표하기

학교생활의 안정기, 5월 과정

돌봄교실 + 방과후 학교 = 늘봄학교

늘봄학교는 정규수업 외에 학교와 지역사회의 다양한 교육자원을 연계하여 학생에게 제공되는 종합 교육프로그램을 말합니다. 단순하게 말하면 예전의 돌봄교실과 방과후 학교를 합친 형태와 비슷해요. 2025학년도에는 1~2학년, 2026학년도에는 모든 초등학생이 대상입니다. 원하는 학생이라면 누구나 신청할 수 있어요. 이용 시간은 정규수업 전 아침과 정규수업 후 희망 시간까지이고, 오후 8시까지 운영해요. 방학 때는 늘봄학교를 여는 학교도 있고, 아닌 학교도 있지만 교육부는 더 많은 학교에서 열 수 있도록 추진하고 있어요. 늘봄학교를 이용할 때 다양하게 배우는 아이는 어떤 어려움이 생길 수 있을까요? 아직 확립된 지원체계가 아니라서 말하기 조심스럽지만, 지원 인력(보조강사, 시간제 인력, 자원봉사자 등)에 관해 미흡한 부분이 많을 것으로 예상됩니다. 현재도 학습도움반에 필요한 지원 인력의 수요를 채우지 못하는 실정이기 때문에, 다양하게 배우는 아이가 제대로 보살핌을 받지 못해서 안전사고나 학교폭력의 문제에 노출될까 걱정입니다.

지역에 따라 '특수교육 종일반'이 있는 초등학교도 있어요. 돌봄교실처럼 다양하게 배우는 아이들에게만 제공되는 서비스예요. 조건은 맞벌이나 저소득층 자녀여야 해요. 다만 모든 학교에 있는 건 아니고, 특수교육 종일반을 신청하면 치료·방과후 지원을 못 받을 수도 있어요.

아이들을 위한 지원 유형
· · · · · · · · · · · · · · · · · · · ·

다양하게 배우는 아이에게 가장 중요한 예산 지원의 핵심을 정리해 드릴게요. 지원 신청은 보통 학기 초에 이루어져요. 새로운 학교에 전학을 가거나 학기 중에 신규 특수교육 대상자로 선정되어도 예산 지원은 신청 가능해요. 물론 신청이 확정된 날짜부터 남은 예산을 받을 수 있어요. 아이가 특수교육 대상자로 선정되면 학습도움반에서는 세 가지를 지원해요.

첫째, 치료 지원이 있습니다. 치료 지원은 교육청에서 제공되는 예산이에요. 보통 치료 지원이라고 하면 교육청 바우처를 말해요. 지원 영역은 물리(수) 치료, 작업 치료, 감각 통합, 언어 치료, 인지 치료, 특수 체육, 재활 심리, 음악 치료, 미술 치료, 놀이 치료, 운동 발달 치료, 심리 운동 치료 등이에요. 치료 지원이 가능한 교육기관이 궁금하다면 특수교육지원센터나 특수교사, 가고 싶은 치료기관에 문의하면 됩니다. 신청 서류를 작성하면 카드 발급까지 7일 이상 걸려요. 매달 일정 금액(약 16만 원, 지역마다 액수는 다릅니다)이 바우처 카드에 지급되고 실제 쓴 비용까지만 지원돼요. 예를 들어 치료 교육기관에 월 14만 원을 쓰면 14만 원만 결제되고 남은 돈은 이월되지 않아요. 월 17만 원을 썼다면 16만 원(월별 최대 지원 예산)만 결제되고 나머지 1만 원은 학부모 부담이에요. 비슷한 지원으로 장애아동 발달 재활 서비스(보건복지부 바우처)가 있어요. 이는 '장애 진단'을 받은 만 18세 미만 아이가 지원받는 서비스예요. (만 6세 미만의 미등록 영유아도 지원받을 수 있어요.) 이건 특수교육 대상자로 선정되었다고 무조건 지원받는 것은 아니에요. 소득 조건(중위소득의 180% 이하)도 있어요. 소득 수준에 따라 바우처 지원액(14~22만 원)도 달라지므로, 자세한 문의와 신청은 거주지 행정복지센터(주민센터)에서 하면 됩니다. 치료 지원과 장애아동 발달 재활 서비스를 둘 다 이용할 수 있지만 치료 영역은 중복되면 안 된다고 해요. 그밖에 센터 소속 치료사가 지원하는 치료 지원도 있습니다.

둘째, 특수교육 방과후 교육 활동 지원이 있습니다. 학교 내 방과후 프로그램이나 개별 방과후 프로그램(학교 밖 자유수강권)으로 나뉩니다. 보통 개별 방과후 프로그램을 많이 활용해요. 학생의 특기, 적성, 교과에 맞추어 일반 학원, 치료 기관, 온라인 학습 등 다양한 교육 영역에서 예산을 지원받는 서비스예요. 아쉽게도 학교 프로그램과 개별 프로그램은 중복하여 지원받을 수 없어요. 지역마다 이용할 수 있는 범위가 다를 수 있으니 특수교사에게 문의해야 해요.

셋째, 통학비 지원이 있습니다. 통학 거리가 멀어서 아이가 교통수단을 이용해야 하는 경우에 예산을 지원하고 있어요. 방학과 공휴일을 제외하고 정상적으로 등·하교한 일수를 계산하여 지급해요. 주의할 점은 집 근처에 학습도움반이 있는 학교가 있음에도 부모의 의사로 타 학구의 학습도움반을 다니는 학생은 지원 대상이 아니에요. 다른 기관에서 교통비를 지원받는 학생 또한 지원 대상이 아니고요. 자세한 사항은 특수교사에게 문의해 주세요.

[통학비 지원 조건]

① 통학 거리 2km 초과

② 통학 버스 경유지까지 별도의 교통수단을 이용하는 학생

③ 통학 거리가 2km 이내이지만, 장애로 인하여 도보 통학이나 대중교통 이용이 불가능한 학생

특수교육 대상자로 선정되면 치료 지원, 특수교육 방과후 교육 활동 지원, 통학비 지원의 혜택을 받을 수 있어요. 완전 통합(통합학급에서만 교육받는 아이)으로 배치된 학생도 똑같이 지원받을 수 있고요. 서비스 지원이 필요한 아이가 혜택을 놓치는 일이 없었으면 해요.

꺼진 안전 다시 보는 6월 과정

안전 생활 백서

· · · · · · · · · · ·

막 들어온 1학년이든 6년째 같은 학교에 다닌 6학년이든 6월쯤 되면 안정기에 접어듭니다. 학습 태도도 개선되고 수업 분위기도 좋고 공부의 질도 높아져요. 교과 학습에 초점을 두고 진도를 빼기 좋은 달이에요. 문제는 아이들이 학교에 익숙해지면 꼭 사고가 생긴다는 겁니다. 그래서 더 유심히 아이들을 지켜보게 돼요.

학교 안전사고는 현장 체험 학습, 체육대회, 통상적인 등·하교 시간, 점심시간 및 교육 활동 전후의 통상적인 체류 시간, 학교장의 지시로 학교에 있는 시간 등에서 사고가 나는 것을 말해요. 교육 시간에 다쳤다면 치료비를 보상받을 수 있어요.

학교는 크고 작은 사고가 잦은 곳이에요. 비 오는 날 아이가 물기 있는 복도에서 미끄러져요. 의자에 걸려 넘어지기도 하고 서로 보지 않고 뛰다가 친구와 부딪히기도 해요. 어떤 아이는 장난을 치고 싶어서 일부러 넘어지다가 다치기도 해요. 얼굴을 책상 모서리에 부딪혀 눈을 다치고, 이가 부러져요. 안경이 깨져서 피부가 찢어지기도 해요. 사건은 정말 순식간에 벌어집니다. 곁에서 주의를 기울이고 있어도 막을 틈도 없이 사고는 벌어져요. 더구나 한 명이 아닌 다수의 아이가 있는 교실에서 사고가 일어나는 건 어쩔 수 없는 부분이기도 해요. 위험한 행동을 보이는 학생은 교사가 주시하고 행동 수정을 하지만, 쉬는 시간마다 교사가 모든 학생을 쫓아다니며 통제하는 것은 현실적으로 불가능해요. 따라서 예방 교육과 더불어 가정과 연계한 긍정적인 훈육 시스템이 필요합니다.

반창고쌤의 교단 일기

쉬는 시간에 한영이가 갑자기 친구에게 가위를 던졌다. 다행히 친구를 빗겨 갔다. 한영이에게 이유를 묻자, 친구랑 놀고 싶은데 자기를 안 봐서 던졌다며 오히려 내게 짜증을 냈다. 위험한 물건을 던지면 안 된다고 다시 교육하고 필요할 때만 쓸 수 있도록 가위를 내가 보관하기로 했다. 그날 오후 한영이 어머님께 전화를 걸었다.

"어머님, 한영이가 오늘 친구에게 가위를 던졌어요."

"어머? 우리 아이는 집에서 안 그러는데 혹시 친구가 화나게 한 건 아닐까요?"

친구 탓부터 해서 당황했지만, 행동 수정이 필요한 위험한 행동이라서 어머님을 이해시켜야 했다.

"친구는 혼자 그림을 색칠하고 있었어요. 한영이 말로는 친구랑 놀고 싶어서 그랬다네요. 저도 오늘 처음 본 행동이라 당황스럽습니다."

"네, 전 집에서 그런 걸 한 번도 못 봤네요."

어머님은 신뢰할 수 없다는 억양으로 짧게 반응할 뿐이었다. 한 달 뒤 한영이 어머님에게 전화가 왔다.

"아이가 진짜로 물건을 던지네요. 교회에서 물건을 던져서 걱정이에요."

1. 교실 내 안전사고

'아이가 가정에서 ○○○은 안 하니까 학교에서도 ○○○은 안 할 거야'라고 생각하는 학부모가 많아요. 안타깝지만 집에서 나타나지 않는 의미행동이 학교에서 심하게 나타날 수 있습니다. 학교는 다양한 상황과 대상이 뒤섞인 복합적인 자극이 가득하고, 아이는 성장하는 존재라서 예측할 수 없는 행동을 할 수 있어요. 자극이 통제되는 집과는 환경이 완전히 달라요. 따라서 가정에서 문제가 없어도 교사와 학교 문제를 해결하기 위해 협력해야 해요. 만약 학부모가 대수롭지 않게 넘어가면 나중에 큰 문제가 생길 수 있어요. 부적절한 행동이 습관이 되면 어른이 되어서도 똑같이 행동한답니다. 특히 다양하게 배우는 아이 중에는 유아 때 배웠던 행동을 커서도 지속하려는 성향이 강한 경우가 꽤 있어요. 예를 들어 아이가 밥을 '맘마'라고 말하거나 자동차를 '빠방'이라고 배우면 커서도 똑같은 어휘를 고집해요. 아주 뜨거운 밥만 먹었던 아이가 급식실에 있는 밥을 거부해서, 부모가 점심때마다 뜨거운 밥을 별도로 챙겨야 하는 일도 있었어요.

때론 심각한 사례도 있었어요. 촉감 느끼기를 좋아하는 아이가 옆 반에 있었는데, 부드러운 촉감을 즐기려고 자꾸 교사 스타킹을 만졌어요. 학교의 모든 교사가 중재에 동참하고 교정을 위해 노력했지만, 끝내 아이의 의미행동은 바뀌지 않았어요. 나중에 알고 보니 빈틈이 있었습니다. 만지고 싶어서 울고 화내고 때리는 아이의 행동을 참지 못하고 엄마가 가정에서 스타킹을 만지게 해 주었더군요. 안타까운 일은 아이가 5학년이 됐을 때 일어났어요. 아이를 아는 사람은 촉감을 좋아하는 그 마음을 이해하고 넘어갔지만, 다른 사람에게는 끔찍한 성추행일 뿐이니까요. 결국 경찰까지 오가는 일이 생겼고요. 학부모는 교사가 무엇을 하고 있었느냐고 따졌지만, 교사 입장에서는 참 답답한 노릇이지요. 교사가 계속 그 학생만 볼 수는 없어요. 쉬는 시간만 해도 교사는 할 일이 많습니다. 오죽하면 교사는 화장실 가는 것도 참고 일해서 방광염에 잘 걸리는 직종이에요.

심지어 교사가 아이와 함께 있는 상황이어도, 아이가 마음만 먹으면 얼마든지 사건을 벌일 수 있어요. 아이가 학습도움반에서 통합학급으로 가는 틈에 몰래 입안에 바둑알 하나를 넣었던 일이 있었어요. 아이가 마스크를 하고 있었고, 통합학급에서는 말없이 얌전히 있는 아이라서 아무도 몰랐다가, 급식 시간이 되어서야 알게 되었지요. 평소에 물건을 입에 넣는 아이였다면 손이 닿는 위치에 있는 작은 물건은 모두 치웠겠지만, 불행히도 처음 본 행동이었어요. 이렇게 3년을 가르쳐도 의미행동은 다르게 나타날 수 있어요. 바로 옆에서 가방과 옷을 챙겨 주는 상황에서도 아이가 하고자 하면 몰래 사고를 칠 수 있더군요.

반창고쌤의 교단 일기

"영철이 아버님, 오늘도 영철이가 갑자기 실무사의 머리카락을 잡아당기고 저를 할퀴고 때렸습니다. 3개월 동안 다양한 중재를 해 보았는데 행동의 변화가 없어서 걱정입니다. 이제는 다른 방법도 병행하면 좋을 듯해요. 혹시 약물 치료는 어떠세요?"

통합학급과 학습도움반에서 감정 기복이 심하고 지나치게 공격적인 행동을 보이는 영철이에게는 정말 약물 치료가 필요해 보였다. 하지만 영철이 아버님은 단호하게 거절했다.

"저희 아이가 아픈 게 아닙니다. 배우는 데 시간이 걸리는 거죠."

"그럼요, 아픈 게 아니지요. 아버님, 아파서 약을 먹으라는 게 아닙니다. 지금 영철이가 예민하고 ADHD 성향까지 보여서 학교생활이 힘들 수 있기에 드리는 말씀이에요. 아이들이 무섭다고 영철이 근처에는 아무도 오지 않으려고 해요. 특수교육실무사가 막아서 다른 친구를 때리는 일은 아직 없지만 아차 하는 순간에 심각한 상황이 생길 수 있잖아요. 병원에서 영철이의 현 상태를 진단받고 약물 치료가 필요한지 알아보면 좋을 듯합니다."

하지만 끝내 학부모는 거부하였고, 그 후로 영철이는 많은 사건에 휘말리게 되었다.

2. 교실 외 안전사고

급식실은 기분이 들뜨는 장소라서 학생들의 주의가 필요해요. 식판을 들고 가다가 미끄러지거나, 친구와 빨리 놀겠다고 허겁지겁 먹다가 기도가 막히는 일도 있어요. 식판을 옮기다가 뜨거운 국물에 데고, 바르지 못한 자세로 먹다가 의자 뒤로 넘어지기도 해요. 복도 역시 사고가 자주 일어나요. 넘어지거나 미끄러지는 사고 빈도가 가장 높고, 뛰다가 또래와 부딪히거나 모퉁이를 돌다가 충돌하는 사고가 다음으로 많아요. 계단은 더 아찔해요. 몇 계단 위에서 뛰는 놀이를 하거나 미는 장난 때문에 계단 아래로 구르거나 실수로 넘어지곤 해요. 특히 겨울에는 주머니에 손을 넣고 계단을 올라가다가 넘어져서 이가 부러지기도 해요. 모든 사고를 통제할 수는 없지만, 평소의 습관과 안전 예방 교육이 그만큼 중요해요.

3. 안전 교육 딱 이것만

안전은 두 번의 기회가 없어요. 가정에서도 안전 교육은 단호하게 지도해야 해요. '주머니에 손을 넣고 걷는 습관이 있는 아이'를 예로 들어 볼 게요.

첫째, 규칙은 하루에 딱 한 번만 짧게 말합니다. "도준아, 주머니에 손을 넣고 다니면 안 돼. 넘어지면 다쳐." 아이들은 긴 설명을 듣지 않아요. 그래도 긴 설명이 필요하면 행동으로 대체하여 보여 줍니다. 둘째, 반복적으로 말할 일이 생기면 영상을 보여 줍니다. 유튜브에서 안전 교육 영상을 쉽게 찾을 수 있어요. 관련 내용을 보여 주는 것은 잔소리라고 생각하지 않아서 잘 받아들여요. 시청 후 아이와 생각을 정리할 시간을 짧게 가지는데, 이때 잔소리로 넘어가지 않도록 주의해야 해요. 셋째, 역할극 놀이를 합니다. 올바른 행동을 하는 역할을 아이가 맡아 놀이처럼 실천해요. 넷째, 차별 강화를 합니다. 바람직한 행동을 할 때 충분한 관심과 격려를 해 주세요. 칭찬받는 이유를 아이가 정확히 알 수 있어야 해요. 다섯째, 다양한 상황에서 실천합니다. 키즈 카페, 종교 시설, 교육기관, 박물관 등의 장소에서 안전하게 참여하는지 점검해 보세요.

Q. 학교에서 사고가 나면 비용은 학부모가 책임지나요?

A. 학교안전공제회에서 책임집니다. 공제회는 사고가 발생하면 그 사고가 교육 활동 계획에 포함되었는지(쉬는 시간, 점심시간, 방과후 활동 시간 모두 가능) 확인해요. 그리고 반드시 가해자가

없는 사고여야 해요. 싸움과 같은 고의적 행동에 의한 사고는 보상하지 않아요. 자세한 절차는 학교안전공제회 홈페이지(이하 학교안전사고보상지원시스템)를 확인하면 됩니다.

Q. 학교에서 일어난 사고에서 보상하는 사례나 보상하지 않는 사례가 궁금합니다.

A. 학생이 학교에서 놀다가 발생한 경우는 보상해요. 다만 하교 후 집에 책가방을 두고 다시 학교로 놀러 와 발생한 사고의 경우는 보상에서 제외하고, 다른 학교 학생이 놀러 와서 발생한 사고의 경우도 보상에서 제외해요. 실제 사례를 중심으로 몇 가지 정리해 보겠습니다.

팔씨름을 하다가 팔이 뒤틀려서 다치는 사고가 있었는데, 같이 팔씨름을 한 학생이 강압적이거나 고의로 한 게 아니어서 치료비를 지원받게 되었어요. 이동 수업을 가던 학생이 복도에서 미끄러져 장애 소견을 받았는데, 외상성 질병인지 예전부터 있던 질병인지 불분명하여 반려 처리가 되었어요. 몇 명의 아이들이 소중한 부위를 만져서 피해 학생이 불안한 심리를 호소했던 사건도 있었어요. 부모는 심리 상담 후 치료비를 청구하였고 지원받게 되었어요. 축구를 하다가 팔이 골절된 학생은 청구 서류가 팔이 아닌 허리, 척추 등 다른 부위여서 반려 처리되었어요. 하굣길에 어지러움과 구토를 하여 학교 보건실을 들렀다가 응급실을 간 학생은 외부 충격 없이 신체 내부적 원인(자연발생적)으로 발생한 질병이라서 반려 처리되었어요. 체육 시간에 옆 학생이 휘두른 라켓에 턱을 맞아 치아 일부가 떨어져 나갔는데, 상대 학생의 고의성이 없는 우연한 사고이므로 치료비가 지급되었어요. 어떤 아이는 화가 나서 벽에 주먹을 치다가 다쳤는데 이건 자해 행위이므로 보상받지 못했어요.

Q. 그밖에 보상 범위가 궁금합니다.

A. 안경 구입 및 교체 비용은 보상 대상에서 제외됐어요. 실손 의료(실비) 보험과 중복 청구가 가능해요. 방과후에 학생들끼리 운동장에서 축구를 하다가 다쳤다면 개별적 사유에 의해 학교에 체류한 것이므로 보상에서 제외돼요. 건강보험이 적용되는 항목은 본인 부담금 전액을 지원하고 건강보험이 적용되지 않는 항목은 일부 보상합니다.

Q. 심사 기간은 얼마나 걸릴까요?

A. 공제회에 청구한 날부터 14일 이내에 공제 급여의 지급 여부를 결정해요. 3년 안에 청구하지 않으면 청구권이 소멸해요. 10만 원 미만의 경우는 간소화 서비스로 신청할 수 있어요.

학교 폭력

학교 폭력은 늘 뜨거운 이슈예요. 학교 폭력 피해자는 평생 고통에 시달릴 수 있어서 하나의 사건으로도 그 피해가 크다고 할 수 있어요. 초등학생 대상 학교 폭력은 언어 폭력, 신체 폭력, 집단 따돌림, 사이버 폭력 순으로 나타나요. 아이들이 서로에게 익숙해지는 시기가 되면 크고 작은 학교 폭력이 늘어난답니다. 다양하게 배우는 아이와 관련된 학교 폭력을 중심으로 이야기 나눠볼게요.

1. 학교 폭력 가해

첫 번째는 성 관련 문제예요. 성에 관해 일찍 관심을 두는 아이도, 그렇지 않은 아이도 난감한 일이 생길 수 있어요. 남학생이나 여학생만의 문제도 아니에요. 가해자가 피해자로, 피해자가 가해자로 바뀌는 일도 있어요. 아이들의 사례를 보면 다음과 같습니다.

아이가 아무 곳에서나 바지를 내리거나 손을 넣어 중요 부위를 만져요. 좋아한다고 표현하고 싶어서 친구를 껴안거나 뽀뽀해요. 손을 만지거나 뜨거운 눈길로 특정 신체를 뚫어지게 쳐다봐요. 친구의 바지나 치마를 강제로 내려요. 수업 중에 자위하거나 쉬는 시간에 민감한 부위를 물건에 비벼요. 심지어 사귀던 아이들이 학교의 빈 교실에서 성행위를 하다가 걸려서 여학생의 학부모가 남학생을 신고하는 일이 있었어요. 그런데 얼마 뒤에는 여학생이 남학생을 불러서 몸을 만졌고, 남학생 부모가 여학생을 성추행으로 신고했죠. 둘 다 다양하게 배우는 아이들이었어요. 성교육을 제대로 배우지 않은 학생들은 학교 폭력의 가해자나 피해자가 될 수 있어요. 이와 관련된 자세한 내용은 2장 성교육 부분에서 좀 더 자세히 다루도록 하겠습니다.

두 번째로, 폭언이나 공격적 행동으로 친구나 교사를 위협할 수 있어요. 아이의 행동은 선행 사건과 배경 사건 때문에 나타나요. '선행 사건'이란 바람직하지 않은 행동 직전에 나타나는 유발 요인을 말해요. 나만 놀이에 끼워 주지 않은 상황, 친구가 놀리는 사건, 물건이 갖고 싶은 일, 관심받고 싶은 마음 등이 자극이 되어 아이는 공격적인 행동을 드러낼 수 있어요. '배경 사건'은 행동의 직접적인 원인은 아니지만 부적절한 행동이 쉽게 이루어지도록 자극해요. 아침을 먹지 않아서 배고픈 상황, 부모에게 잔뜩 혼나고 등교한 상황, 손가락을 다쳐서 짜증 난 상태, 콧물이 계속 나서 불쾌한 상태 등이 예가 될 수 있어요. 변비 때문에 배가 아프다고 2시간 동안 욕을 하고 물건을 던지던 아이도 있었어요. 부모가 아이의 변비까지 어떻게 조절하느냐 하겠지만 그 아이는 편식이 심해서 변비가 자주 생기는 게 문제였어요. 늘 새벽 1시가 되어야 자는 아이도 있었어요. 늦게까지 유튜브와 게임을 하는데도 학부모는 어쩔 수 없다는 반응뿐이었어요. 학교에서는 매일 책상에 엎드려서 잠만 잤고, 깨어 있을 때는 짜증을 내며 유튜브에서 배운 심한 말과 행동을 하기 일쑤였죠. 학부모를 설득하고 생활 습관을 다시 만드는 데 참 오랜 시간이 걸렸습니다. 말버릇이 된 욕을 쓰다가 친구와 오해가 생기고 싸우는 사건도 있었어요. 주변 아이들은 자기를 보며 욕을 하니 어린 마음에 참기 힘들었대요. 만약 내 아이가 할퀴기, 폭력, 밀치기, 욕하기, 물건 던지기, 물기 등의 공격적인 행동을 보인다면 더 큰 사건을 유발할 수 있으니 반드시 교정해야 해요. 아이는 환경에 따라, 대상에 따라 다른 모습을 보이기 때문에 반드시 단체생활을 경험해 보는 것을 추천해요. 그때 아이가 어떻게 행동하는지 살펴보아야 합니다.

반창고쌤의 교단 일기

학부모에게 전화가 왔다. 흥분한 목소리가 귓가에 가득 느껴졌다.
"하굣길에 유미가 힘든 일이 있었어요. 아이들이 따라다니며 소리를 질렀대요."
유미 어머니의 연락에 가슴이 쿵 내려앉았다. 유미의 상태를 묻고 유미 어머니의 속상한 마음을 위로해 주었다. 유미는 청각이 예민한 아이라서 수업을 들을 때나 걸을 때 귀를 막고 다녔는데, 그것이 짓궂은 아이들 눈에 띈 것이다. 소리를 지르면 유미가 반응을 보이니까 그게 재밌다고 생각했던 것 같다.
다음 날 가해자를 찾기 위해 유미를 데리고 각 반을 돌아다녔다. 난 경찰 역할과 교사 역할을 동시에 해야 할 때 참 혼란스럽다. 두려워하는 유미를 안심시키며 교실 창문 너머에 가해 학생이 있는지 물어보았고 힘들게 아이들을 찾았다. 해당 담임교사와 협의하여 사건을 처리하고 별도의 개선을 위한 교육도 지원하기로 했다.

난 아이들에게 슈퍼맨과 같은 남을 위하는 영웅이 되라고 말한다. 약자를 괴롭히는 건 빌런뿐이다.

2. 학교 폭력 피해

학교 폭력 실태 조사에 따르면 가해 이유의 1위는 '장난이나 특별한 이유 없이(44.5%)'입니다. 그리고 중단의 이유는 '나쁜 것임을 알게 되어서(1위, 35.3%)', '선생님과 면담 후(2위, 15.4%)', '학교 폭력 예방 교육을 받은 후(3위, 15.1%)'라고 해요. 65.8% 이상의 학교 폭력이 예방 교육과 즉각적인 지원으로 해결된다고 할 수 있어요. 그러므로 부모는 넘어갈 수 있는 가벼운 사건인지 파악하고 이해하되 반드시 교사와 소통해야 해요. 선제적 조치가 무엇보다 중요합니다. 작은 불씨는 교사가 아이들에게 가볍게 언급하는 것만으로도 끌 수 있어요. 또한 작은 일도 자꾸 쌓이면 아이와 부모에게 상처가 될 수 있으니, 교사와의 소통이 필요해요.

① 가해의 세 가지 바람

가해는 약한 바람, 중간 바람 그리고 강한 바람이 불 때 일어납니다. 첫째, 약한 바람은 학생들의 오해가 쌓이는 일을 말해요. 보통 다양하게 배우는 아이의 경우, 사회적 기술이 부족하거나 경험이 없어서 주변 친구들이 오해하는 일이 생겨요. 예를 들어 친구가 길을 비켜 달라고 했는데 아이가 가만히 있으면 자기 말을 무시했다고 생각해요. 이런 오해는 생각보다 빈번합니다. 좋아하는 친구가 다른 아이와 놀면 샘나서 다른 아이를 나쁘게 말하기도 해요. 소유의 개념이 부족하여 친구의 물건을 가지고 돌려주지 않아요. 친구가 길을 막고 있다고 밀고 지나가요. 옆에서 친구들이 시끄럽게 이야기하면 귀를 막거나 과격한 행동을 해요. 친구들이 놀려도 아이가 웃기만 해요. 이처럼 다양하게 배우는 아이들은 저마다 개별 특성을 지니고 있는데, 반 친구들이 이를 알지 못해서 오해가 생기고 관계가 자주 틀어져요. 이것이 가해의 실마리가 됩니다. 이때 장애 이해 교육이 도움을 줄 수 있어요. 반 친구들이 아이의 특성을 알고 상황별로 궁금한 내용과 실천할 행동을 배우면 교실 분위기는 한결 부드러워져요. 이해가 배려를 이끕니다. 만약 내 아이에게 오해할 수 있는 행동이 보인다면 반드시 교사에게 알리고 협의해야 해요.

둘째, 중간 바람은 몰라서 하는 가해를 말해요. 한마디로 무지에서 오는 괴롭힘이에요. 순수함과 가해는 어울리지 않지만, 아이는 이 행동이 나쁜지 몰라서 괴롭힙니다. 이야기를 들어보면 장난이었다고 대수롭지 않게 대답해요. 놀리거나 괜히 남의 물건을 숨겨요. 다양하게 배우는 아이가 못한다고 비난하고, 자극을 했을 때 반응을 잘 보여서 괴롭혀요. 이럴 때는 일반적인 배려 중심의 인성 교육을 통해 행동을 점검해야 합니다. 좋은 일인지 나쁜 일인지 구별하고 당하는 사람의 마음을 깨달으면, 주변 친구들은 경찰처럼 옳은 일을 판단하고 가해 학생은 마음을 고쳐먹어요.

셋째, 강한 바람은 알고 하는 가해를 말해요. 가끔 반에서 어쩜 이렇게 밉게 생각하고 행동할까 싶은 아이가 있어요. 그런 아이가 친구들을 이끄는 리더가 되면 사건이 심각해집니다. 보통 제일 약한 아이를 무시하고 괴롭혀요. 쉬는 시간, 점심시간, 수업 시간에 학교 폭력이 되지 않는 범위 내에서 아이의 신경을 긁거나 다른 친구를 부추겨서 건드려요. 교실은 다양하게 배우는 아이를 점점 무시하는 분위기가 됩니다. 따라서 교사와 학부모는 미리 대응할 필요가 있어요.

'유미 사건' 이후로 저는 영웅 친구를 반마다 3명씩 뽑았어요. 영웅 친구는 다양하게 배우는 친구를 도와주거나 함께 놀아 줄 친구예요. 이 학생들은 관찰자이기도 해요. 일이 생기면 저에게 알려 주지요. 물론 영웅 친구들이 언제나 다양하게 배우는 친구와 있는 건 아니어서 한계도 분명히 있지만, 교실 속 상황을 파악하는 데 도움이 돼요. 학부모도 마찬가지로 통합학급 선생님에게 교실 상황을 종종 들어야 합니다. 물론 자녀와 같은 반 친한 친구가 생기면 든든하지요.

② 학교 폭력, 어떻게 대처할까

학교 폭력 시 심각성에 따라 절차를 달리합니다. 경미한 사건은 학교 폭력 접수, 교육지원청 보고 후 조사관이 사안 조사를 한 뒤에 학교에서 관계 회복 프로그램을 통해 자체적으로 해결해요. 재발 방지를 위한 사후 지도도 실시해요. 단, 관계 회복 프로그램은 아이의 회복과 성장을 위한 것으로 언제든 중단할 수 있고 여기에 참여했다고 학교 자체 해결에 동의했다는 의미는 아니에요. 이 프로그램과 상관없이 학교 폭력대책심의위원회 진행은 이루어질 수 있어요.

심각한 사건은 학교에서 자체 해결이 불가능해요. 이때는 학교 폭력 접수, 분리나 긴급조치, 교육지원청 보고 후 조사관이 사안 조사를 한 뒤에, 학교 폭력대책심의위원회에서 조치를 결정해요. 다문화 학생, 다양하게 배우는 학생, 사이버 폭력의 경우는 관련 분야의 전문가도 위원회에 참가해요. 결과에 따라 학교는 피해 학생 보호 조치, 가해 학생 선도 조치, 학생부 기재, 가해 학생 보호자 특별 교육 등을 실시합니다.

피해 학생과 가해 학생에 관한 조치 »

성장을 기록하는
7월 과정

　새 학기를 시작하는 것만큼 학기 말 역시 중요합니다. 학부모는 안전 지도, 아이의 현재 수준, 방학 계획이라는 세 가지에 주목해야 해요. 방학이 가까워질수록 학급 분위기가 들뜨기 쉬워서 안전 사고가 일어날 확률이 높아집니다. 그래서 학교와 가정은 안전에 관한 이야기를 자주 해야 해요. 그리고 방학 전 아이의 현재 수준을 알아야 해요. 학기 말 평가 결과와 상담을 통해 해당 내용을 파악해야 합니다. 나중에 개학을 하면 아이가 배운 내용을 잊거나 학습 태도를 다시 익혀야 하는 경우가 많아요. 따라서 방학 계획은 아이의 현재 학습 수준이나 습관을 유지하기 위해서라도 반드시 세워야 해요.

학기 말 평가

학습도움반에서는 교육목표에 어울리는 '월별 평가'와 '학기 평가'가 있습니다. 방식은 교사마다 다양해요. 배운 교과와 내용을 중심으로 지필 평가 시험을 칠 수 있는데, 다양하게 배우는 학생의 수준을 고려한 내용이라서 결과도 일반 평가보다 가치가 있어요. 수행 평가를 통해 배운 내용의 과정과 결과를 기록하기도 해요. 보통 학습도움반에서는 포트폴리오 평가와 관찰을 활용한 평가를 주로 하는데, 누적된 학습 결과와 관찰 기록한 내용을 종합하여 서술식으로 평가한답니다.

7월 목표	대상을 보고 특징을 3개 이상 말하고 쓸 수 있다.
7월 평가	그림을 보며 동물의 특징과 관련하여 3개 이상 낱말을 말할 수 있고, 마인드맵을 3개 이상 채울 수 있으며, 이야기 속 인물의 특징을 말로 설명할 수 있음. 다만, 문장으로 구성하는 연습을 꾸준히 해야 함.

※ 월별 평가 예시

학기 목표는 더 포괄적으로 방향을 잡는 만큼 평가만 보아도 아이의 다양한 학습 상태를 알 수 있어요. 평가 결과는 학기 말에 학부모에게 보냅니다. 참고로 학기 말 평가 결과는 통합학급교사에게도 보내서 학생의 수준을 파악하고 평가하는 자료로 활용돼요. 선생님에 따라 학습했던 활동 결과물을 보내기도 하는데 학부모마다 호불호가 갈려요. 좋아하는 학부모도 있고 쓰레기가 되게 왜 보내느냐는 학부모도 있어요. 저는 두 마음 모두 이해되어서 가정으로 결과물을 보낸 뒤에 학부모의 사인을 받고 다시 학교로 보내도록 해요. 아이와 함께 지난 결과물을 보며 이야기를 나눈다면 아이는 자신이 이룬 성과에 뿌듯함을 느낄 거예요. 다만 "이거 틀렸었네? 한 번 다시 풀어 봐.", "아직도 받침 글자를 틀리는 거야?"처럼 테스트나 지적의 시간이 되지 않았으면 해요.

상담 활동

개별화 교육 계획의 평가 결과를 받더라도, 직접 아이에 관한 이야기를 듣는 것이 제일 좋아요. 학부모가 먼저 연락할 날짜를 잡는 것을 추천합니다. 방학에 가까워질수록 교사가 바쁘기 때문에 방학하기 한 달 전에 상담 일자를 잡으면 좋아요. 2명의 담임교사(특수교사와 통합학급교사)와 각각 소통해요. 이때 '아이의 성장'이라는 상담의 목적을 잊지 말아야 해요.

아이의 부족한 부분을 이야기하면 부모는 상처받기 쉬워요. 교사가 우리 아이를 싫어한다고 오해하기도 하고요. 하지만 이건 교사의 직업병 아닌 직업병입니다. 교사는 부족한 영역을 성장시키는 일을 하다 보니 교정해야 할 행동을 위주로 말할 수밖에 없거든요. 이럴 때는 상담의 목적을 떠올리며, '어떻게 하면 아이를 도울 수 있을까?', '어떻게 하면 성장할 수 있을까?'를 생각해 보세요. 행여나 지나치게 부족한 이야기로 치우쳐졌다고 느껴지면 아이가 잘하고 있는 학습 영역이나 잘 이루어지고 있는 습관 그리고 성장한 점을 물어보세요. 그 부분은 아이를 발전시키는 자신감의 영역이 될 겁니다.

아이의 현재 학습 수준을 정확히 파악했다면 이를 통해 방학 중 교육 계획을 세울 수 있어요. 다시 교사에게 교육 계획을 피드백을 받는다면 팁이나 조언도 들을 수 있어서 좋아요. 보통 방학에는 예습과 복습을 3:7 비율로 공부하는 것을 추천해요. 방학 동안 아이들이 배운 내용을 많이 잊으면, 개학 후에 한 달이 넘도록 복습만 하게 될 수도 있어요. 아는 것을 계속 아는 것이 중요해요. 방학은 아이의 성장에 중요한 디딤돌이랍니다.

[교사와 함께 이야기 나누면 좋을 질문]

① 친구들과는 평소에 어떻게 지내나요?

(아이에게 잘해 주는 배려심 많은 친구가 있는지 확인하기)

② 아이가 수업 시간에 어떻게 참여하는지 궁금합니다.

(좋아하는 교과는 무엇이고, ○○교과 시간에는 잘 참여하는지 확인하기)

③ 아이는 쉬는 시간에 보통 무엇을 하나요?

④ 가정에서 아이와 함께하면 좋은 활동이나 자료가 있을까요?

⑤ 아이가 집에서 밥을 먹을 때는 이러이러한데 급식 시간에는 식사를 어떻게 하나요?

⑥ 집에서는 이런 습관이 있는데 혹시 학교에서는 어떤가요?

⑦ 아이의 성장한 점은 무엇인지 궁금합니다.

⑧ 가정에서 아이에게 더 신경 써야 할 부분이 있을까요?

⑨ 아이가 학교에서 자주 겪은 문제는 무엇인지 궁금합니다.

⑩ ○○행동(의미행동)과 관련해서 가정에서도 실천할 수 있는 전략이 있을까요?

⑪ 다른 친구와 주고받은 친절한 행동이 있을까요?

⑫ 아이가 자기주도적으로 행동한 순간이 궁금합니다.

반창고쌤의 교단 일기

어느 날 모르는 학부모에게 전화가 왔다.

"전학을 가고 싶은데요. 거기는 학생이 몇 명일까요?"

학부모는 학급 운영과 실태를 궁금해했다. 친절하게 안내하고 나니 학부모가 한숨을 푹 쉬면서 말을 이었다.

"사실 ○○초 학습도움반에 아이가 다니고 있는데, 선생님이 마음에 들지 않아서 옮길까 생각하고 있어요."

○○초라면 버스로 서너 정거장 떨어져 있는 초등학교였다. 어머니에게 상처가 있는 것 같아서 열심히 하소연을 들어 주었다. 그리고 조심히 그 선생님의 사정과 나의 의견을 짧게 전달했다. 통학 거리가 있고 아이가 다시 새 학교에서 적응하기 힘들기 때문에 걱정되지만, 그래도 언제든 아이의 전학은 가능하고 늘 환영이라

고 알려드렸다. 긴 통화 끝에 학부모는 마음이 풀렸는지 계속 고맙다고 했다. "조금만 더 고민하고 결정할게요."라는 끝말을 남기고 학부모는 전화를 끊었다. 며칠 뒤 다시 전화가 왔다. "다시 ○○초 선생님과 잘해보기로 했어요."라며 한결 밝아진 목소리가 내 귓가에 맴돌았다. 정말 다행이다.

전학을 앞둔 부모가 해야 할 일

아이 입장에서 가장 큰 변화는 전학입니다. 새로운 환경에 적응하는 것은 어른이나 아이나 힘든 경험이에요. 문제는 새 학교에서 전학생이 적응할 수 있는 시간을 따로 주지 않는다는 겁니다. 특수교사가 통합학급과 학습도움반에서 적응할 수 있도록 도와주겠지만 그래도 쉽지 않아요.

말이 없다가 학기 말에 갑자기 전학을 통보하는 학부모를 여러 명 만났어요. 방학식 날 또는 방학 중에 전학을 간다고 말해서 당황했던 기억도 있고요. 아이가 갑자기 전학을 간다고 하면 교사 입장에서는 일 처리에 어려움이 생깁니다. 최소 한두 달 전부터 전학을 갈 거라고 말해 주어야 하는데 그 사정은 이러해요.

아이가 전학을 가게 되면 통합학급교사, 특수교사 모두 전학과 관련된 업무를 처리해야 해요. 특수교사는 특수교육 대상 학생의 재배치에 따른 절차를 밟아야 하고, 학생의 학습 진도와 평가를 전학 전까지 마무리 지어야 해요. 지금까지 학생이 이룬 학습 결과와 학교생활에 관한 정보도 학부모와 전학 갈 학교의 교사에게 전달해야 하고요. 그래야 학부모와 새 학교의 교사가 아이의 현재 수준을 정확히 파악하고 아이의 적응을 도울 수 있어요.

또한 친구들과 작별 인사를 할 수 있는 시간도 확보해야 해요. 만남만큼이나 이별 또한 아이에게 중요한 경험이에요. 실제로 통합학급에서 친구들과 사이좋게 지낸 아이가 교외체험 학습을 하는 동안 전학을 간 사례가 있어요. 제대로 인사를 나누지 못해서 반 친구들이 참 아쉬워했지요.

전학 시 마지막으로 중요한 것은 바로 아이의 교과서를 챙기는 일이에요. 시기에 따라 새 교과서를 기존 학교에서 받거나 전학 가는 학교에서 받아야 해요. 국어, 도덕, 1~2학년 수학 등 국정교과서(국가가 교과서 저작에 직접 관여함)는 모든 공립학교에서 같은 책으로 수업하지만, 3~6학년 수학, 과학, 사회, 미술, 음악, 체육 등의 검정교과서(민간이 교과서를 집필하되, 국가가 정한 검정 기준을 통과하여야 교과서로 지위를 부여받음)는 학교마다 선택한 출판사가 달라요. 전학 간 학교에 여분 교과서가 없으면 시중에서 직접 구매해야 하는 일도 생길 수 있으니 미리 양쪽 학교에 문의해야 해요.

올바른 전학 절차는 다음과 같아요. 다니는 학교에 미리 이사 예정일, 전학 갈 학교 등을 전달해요. 특히, 특수교육 대상자라면 다른 학교로의 재배치를 신청해야 합니다. 이때 거주지 이전이 확인되는 주민등록등본, 거주지 확인과 관련된 부동산 서류(매매계약서, 임대차계약서 등) 등이 필요해요. 그 밖에 타 시도로 전학을 가는 거라면 방과후 카드, 치료 카드를 반

납해야 해요. 재배치 심사과정에 시간이 걸리기 때문에, 이사 간다는 말은 한두 달 전에 꼭 알려 주세요. 자세한 사항은 특수교사에게 문의 바랍니다. 전학 갈 때쯤 체험비 등으로 돈이 오갔다면 학교 행정실에도 전학 사실을 알려야 해요. 스쿨뱅킹과 관련해서 정산할 일이 있을 수 있어요. 전학 갈 학교는 가까운 행정복지센터에서 알려 줘요. 학부모가 새 학교에 제출하는 서류는 전입 신고 접수증(행정복지센터)이나 주소지가 옮겨진 주민등록등본이에요. 학교에 방문하면 아이에게 필요한 준비물이나 교과서 등에 대해 안내해 줄 거예요. 전학은 겨울방학 때 가면 가장 좋아요. 3월 1일 전에 기존 학교 전산 자료가 넘어가야 전학 가는 학교의 학생과 차이 없이 반 번호를 받고 전학생 꼬리표도 달지 않아요. 단, 방학 때는 전학을 처리하기 어려우니 방학 전에 교사가 준비할 수 있도록 미리 알리도록 합니다.

재적응을 위한 8, 9월 과정

적응 기간

• • • • • • • •

개학 날 아이가 학교에 가면 다시 처음부터 적응 기간이 필요합니다. 모든 학년이 마찬가지예요. 특수교사의 재량에 따라 3월 초와 동일하게 통합학급 적응 기간을 두기도 해요. 하지만 보통 2학기를 시작할 때는 별도의 적응 기간을 설정하지 않고, 상황에 따라 유동적으로 지원해요. 1학기와 달라진 게 없다 하더라도 아이 입장에서는 학습, 공부습관, 교우 관계, 학교 규칙 등 다시 적응해야 하는 부분이 있기 때문에, 예민해지거나 스트레스 지수도 높아져요. 교사와 학부모의 격려와 정서적 지지가 필요한 시점입니다.

[적응 기간에 부모가 자녀에게 하면 좋은 일 다섯 가지]

① 자주 포옹해 주세요. 포옹이 익숙하지 않다면 횟수를 정해서 합니다(예: 하루에 다섯 번 포옹하기). 이때 아이를 위한 따뜻한 말도 꼭 해 주세요. 정서적 지지를 위해 정말 중요해요.

② 신체 활동을 꾸준히 합니다. 방학 때부터 꾸준히 하던 신체 활동을 스트레스가 많은 적응 기간에도 해 주세요. 가벼운 산책도 좋아요. 스트레스를 줄이고 감정을 조절하는 힘을 얻을 수 있어요.

③ 일관된 자극을 유지합니다. 취침 시간, 식사 시간 등 다양한 상황에서 가정의 변화를 최소화해요. 아이에게 익숙하지 않은 자극을 줄여서 적응에 간섭하지 않도록 해 주세요.

④ 아이가 하는 이야기에 경청합니다. 있는 그대로 듣고 확장하거나 대체하여 반응해요. 아이 입장에서 자신의 이야기에 집중한다는 느낌을 받도록 해야 합니다.

아이: 오늘 친구랑 부딪혔어요.
부모: 오늘 친구랑 부딪혀서 놀랐겠구나. → 확장

아이: 오늘 국어 시간에 만들기가 제일 좋았어요.
부모: 오늘 국어 시간에 만들기가 가장 좋았어? → 대체

교육을 위한 시간이 아니므로 아이가 마음껏 감정을 표현할 수 있

도록 해요. 표정 그림 카드를 쓰거나 1에서 10 중 어디에 해당하는 감정인지 고르도록 하면 표현이 좀 더 쉬워집니다.

⑤ 쉴 수 있는 공간을 마련합니다. 아이가 혼자서 감정을 조절하거나 쉴 수 있는 공간을 설정해 주세요. 방으로 해도 좋고 가림막이나 아이용 텐트를 이용해도 좋아요. 그곳은 아이가 가장 좋아하는 곳이 되어야 하므로 장난감, 인형, 애착 이불 등 심신을 안정시키는 물건을 두어요. 아이가 언제든 가고 싶을 때 이동하도록 해 주세요.

2학기 개별화 교육 지원팀 회의

학생을 위한 2학기 학급 운영 및 개별화 교육 계획 작성을 협의합니다. 구성원은 1학기와 동일하지 않을 수 있어요. 1학기 개별화 교육 계획에서 좋았던 점, 바라는 점, 학생의 현재 학습 수준, 재구성된 교육과정, 학생의 특성, 학습 속도를 분석하여 2학기 계획을 짜요.

1학기의 교육 결과를 기준으로 하기 때문에, 2학기 교육 계획은 좀 더 쉽게 짤 수 있어요. 그러다 보니 협의가 간단한 형태로 진행되기도 합니다. 1학기에 새로운 운영 방법, 수업 방식처럼 큰 틀이 형성된다면, 2학기에는 정교한 교육을 위한 미세조정 단계를 밟는다고 보시면 될 것 같아요.

1학기와 마찬가지로 학부모의 의견을 충분히 반영하고, 중점을 두어야 할 사안에 대해 함께 이야기 나눠요. 1학기에 씨를 뿌리고 물을 줬다면 2학기는 본격적으로 무럭무럭 자랄 수 있도록 햇빛과 영양분을 꾸준히 주는 시기랍니다.

Q. 학습도움반에서는 국어, 수학만 배우나요?

A. 학습도움반의 목적은 아이의 교육, 심리, 사회의 통합을 돕는 것입니다. 다시 말해 최대한 통합학급에서 아이들과 어울리는 통합의 시간을 늘리기 위해 도움을 주는 곳이에요.

보통 학습도움반에서는 국어만 배우거나 수학만 배우거나 혹은 둘 다 배웁니다. 국어, 수학에 집중된 이유는 국어와 수학이 다른 교과에 영향을 주는 도구 교과이고, 또 기초 학력의 핵심이 읽기, 쓰기, 셈하기이기 때문이에요. 반면에 사회, 과학, 예체능 교과 등은 또래와 함께할 때 얻는 게 큰 교과라서, 일반적으로 국어, 수학 시간만 학습도움반에 와요.

다만, 상황에 따라 달라질 수 있어요. 신체의 어려움으로 체육 시간에 참여할 수 없는 학생을 운동장 스탠드나 강당 구석에 앉히는 건 교육이라고 할 수 없지요. 그럴 때는 학습도움반에서 다른 활동을 하는 게 낫다고 생각해요. 만약 소리에 민감한 학생이라서 음악 시간에 늘 귀를 막고 괴로워한다면 다른 방법을 찾아야 해요. 이 모든 것은 개별화 교육 지원팀 회의에서 결정됩니다. 물론 학기 중에도 교과목 변경, 학급 문제 등의 사안이 발생하면 언제든 회의는 열릴 수 있어요.

가정 연계 교육

　학부모는 학교와 연계된 교육 활동에 관심을 가져야 합니다. 가정 연계 교육에 좋은 자료는 주간 학습 안내예요. 국어, 수학은 학습도움반 주간 학습 안내를, 나머지 교과는 통합학급 주간 학습 안내를 살펴보아야 해요. 이번 주에 배우는 내용 중 아이가 반드시 알아야 하는 것을 우선순위에 맞게 골라요. 모든 것을 알려 주겠다는 자세보다는 필요한 내용만 짚고 가겠다는 생각으로 교과서나 교재를 봅니다. 예습은 자신감으로 다가와요. 아는 내용이 아니더라도 수업 중 교과서에서 아는 그림이 나오면 자신감이 올라가고 우쭐해지죠. 그 아는 척이 중요해요. 평소에는 관심 없던 교과서 내용에 호기심이 생기죠. 교과서에 등장하는 소재, 낱말의 의미를 미리 파악한다면 학습에 큰 도움이 돼요.

　개인적으로 복습과 예습 중 하나를 고른다면 복습에 더 강조점을 두고 싶어요. 복습은 이해로 다가옵니다. 복습하면 내가 아는 것과 모르는 것을 파악하게 되지요. 배운 내용을 더 오래 기억할 수도 있어요. 한 덩어리였던 정보를 반복하면서 정교한 나만의 조각이 돼요. 한마디로 내 방식대로 지식을 정리하여 뇌의 서랍에 넣을 수 있어요.

구체적으로 예습이나 복습의 상황을 살펴보겠습니다. 먼저, 통합학급이나 학습도움반에서 하는 주간 학습 안내를 숙지해요. 예를 들어 이번 주 학습 계획을 보니 '약국 이야기'를 배운다고 해요. 가정에서는 약국에 직접 방문하기, 약 사기, 예전에 산 약 봉투 보기, 집에 있는 약 관찰하기, 약국 표시 찾기, 약국이 하는 일 이야기하기 등을 경험해요. 복습도 마찬가지예요. 수업 시간에 배운 뒤에 가정에서 이런 활동을 경험한다면 아이도 할 이야기가 많아지고 말하면서 자기 생각을 정리할 수 있어요.

사실 학부모는 쉼이 없는 바쁜 하루를 보내기 때문에 현실적으로 주간 학습 안내의 진도에 맞추어 아이 교육을 하는 건 쉽지 않아요. 자칫 무리한 활동으로 학부모가 먼저 번아웃에 빠질 수 있으니 핵심 개념을 하나만 배우는 작은 실천을 추천합니다.

가정 연계 교육을 위해 숙제를 활용할 수 있어요. 사실 집에서 공부시키고 싶어도 아이의 수준에 맞는 시중 교재를 찾는 건 쉽지 않아요. 이럴 때는 교사에게 숙제를 부탁할 수도 있어요. 다만 요즘은 학교에서 숙제를 내지 않는 분위기예요. 교사의 성향에 따라 숙제는 낼 수 없다고 할 수도 있으므로, 그럴 때는 교사의 추천을 듣고 적절한 교재를 찾아 활용해요.

숙제를 효율적으로 하기 위한 세 가지 원칙이 있습니다. 첫째, 양이 최대한 적어야 해요. '이건 너무 적잖아'라고 느낄 정도의 양부터 시작해요. 초등학생의 수업 시간은 40분이지만 사실 40분 내내 집중하는 것은 쉽지 않아요. 따라서 배우는 내용이 적어야 해요. 대신 제한된 시간 안에 집중하는 경험을 할 수 있도록 도와주세요. 공부 시간은 습관이 자리 잡은 뒤에 차차 조금씩 늘리면 됩니다. 나중에 공부의 양을 늘리면 아이는 분명히 불만이 생길 거예요. 왜 더 해야 하냐고 부모에게 따질 수 있어요. 이를 방지하기 위해 숙제를 끝낼 때마다 미리 말해 주어야 해요.

> 부모: (학습 결과 칭찬 후) 잘하네. 생각 주머니가 커져서 다음 주부터는 한 문제 더 풀 수 있겠다.
> 부모: (국어 숙제를 마치고 수학을 하기 전에) 오늘부터 수학은 한 문제 더 풀기로 했지? 한 번 쉬고 같이 하자.

둘째, 루틴이 있어야 합니다. '가방 놓기-손 씻기-간식 먹기-숙제하기' 와 같이 꾸준한 일과를 만들어야 해요. 루틴이 반복될수록 활동이 자동화되고 생산성은 향상돼요. 셋째, 푼 숙제는 학교로 보냅니다. 교사는 해당 자료로 아이의 성취를 칭찬하고 피드백을 해 줘요. 단순히 학교에서 가정으로 숙제를 보내는 방식은 지양했으면 해요. 수고롭더라도 숙제 속 여백에 아이가 무엇을 어려워했는지, 스스로 푼 문제는 무엇인지 기록해서 학교로 보내주면 교육 데이터가 쌓이고 다음 숙제를 준비할 때 좋은 피드백이 돼요. 교과서에 수록된 그림책 읽기, 문장으로 된 수학 문제를 실제 물건으로 경험하기, 음악책 속 노래 감상하기, 교과서 읽고 모르는 낱말 배우기 등도 가정 연계 교육으로 좋아요.

체험으로 배우는 10월 과정

현장 체험 학습

'요즘은 주말마다 놀러 가는 아이가 많은데 굳이 현장 체험 학습(소풍)을 가야 하나'라고 말하는 사람이 있습니다. 그렇지 않아요. 또래와 함께 떠나는 체험 학습은 다른 경험을 준답니다. 아이들은 오랫동안 체험 학습의 추억을 떠올려요. 또한 체험 학습은 즐거움과 생생한 교육이 동시에 가능하다는 장점도 있어요.

먼저, 학년별로 이루어지는 현장 체험 학습을 살펴보겠습니다. 학교마다 다르지만 보통 1년에 한두 번 체험 학습을 나가요. 만약 도움이 필요한 아이라면 특수교사나 특수교육실무사, 일일 보조 인력 등이 따라가요. 특수교사가 따라가면 단순히 아이의 활동만 도와주는 것이 아니라 또래와의 상호작용을 위해서도 노력해요. 특수교사가 주변에 있는 반 친구와도 소통하다 보니 덩달아 아이들의 교류가 늘어난답니다. 물론 단점도 있어요. 특수교사가 현장 학습에 지원 나가면 학습도움반에 오는 나머지 아이들은 모두 통합학급에서 종일 수업을 받아야 해요. 아이의 체험 교육을 위해 다른 교육을 하지 못하는 아이러니한 상황에 놓이게 되지요. 그래서 되도록 자원봉사자나 특수교육실무사가 지원하도록 하지만, 아이의 안전 때문에 특수교사가 따라갈 수밖에 없는 일도 있어요.

반창고쌤의 교단 일기

"선생님, 다음 달 영화관 체험 학습은 불참하고 민호는 그냥 데리고 있을게요."

"네?"

"민호가 어두운 곳을 무서워하고 새로운 건물에 들어가는 걸 싫어해서요."

민호 어머님의 목소리가 점점 낮아졌다. 이제 2학년인데 벌써 체험 학습에 불참하는 게 마음에 걸렸다.

"민호 어머님, 일단 제가 통합학급 선생님과 상의해 보겠습니다. 되도록 단체 활동은 민호도 참여했으면 합니다."

나는 2학년 선생님과 이야기를 나누었다. 요지는 네 가지였다.

1. 민호는 영화를 보는 게 목적이 아니다. 영화관을 바르게 이용하는 훈련을 했으면 한다.
2. 대신 가벼운 도움이 필요한 유진이(학습도움반 소속)는 2학년 선생님이 옆에서 도와줬으면 한다.
3. 만약 민호가 울면 영화관에서 나와서 안정을 찾고 다시 접하면서 장소에 익숙해지도록 하겠다.
4. 민호가 낯선 곳과 어두운 곳을 많이 경험하지 못해서 소리를 지르거나 울 수 있다는 사실을 반 친구들이 이해할 수 있도록 사전 교육을 했으면 한다.

실제로 민호는 울긴 했지만, 친구들의 응원을 받으며 여러 번 영화관에 들어갔다가 나오는 경험을 했고, 결국 좋아하는 간식을 들고 영화관 끝자리에 앉아서 영화를 즐겼다. 역시 경험은 성장의 밑거름이다.

체험 학습 지원과 관련된 내용은 개별화 교육 지원팀 회의를 통해 서로 이해하고 협조해야 해요. 만약 체험 학습에 참여할 수 없는 불가능한 사유가 있다면 아이는 학교에서 '현장 학습 대체 프로그램'에 참가할 수 있어요. 대체 프로그램은 가볍게 활동할 수 있는 내용(예: 공예 활동, 미술 활동 등)으로 구성해요. 통합학급이나 학습도움반에서 활동합니다만, 보통 후자가 많아요. 대체 프로그램 대신 학부모가 가정 체험 학습을 신청하기도 합니다.

다음으로, 학습도움반에서 이루어지는 체험 학습이 있어요. 한 학교의 학습도움반만 체험 학습을 나가기도 하고, 여러 학교의 학습도움반이 연합하여 체험 학습을 나가기도 해요. 학생과 관련된 체험 학습비는 모두 학급 예산으로 내요. 다만 요즘 학교는 학생의 안전을 위해 교외 체험보다는 학교 내 체험 활동을 선호하는 편입니다.

체험 학습을 위한 기본적인 습관에는 무엇이 있을까요? 가정에서 다음 습관들이 미리 훈련이 되면 체험 학습을 따라가는 데 도움이 돼요. 용변 스스로 해결하기, 자리 이탈하지 않기, 낯선 장소에서 울지 않기, 사 달라고 떼쓰지 않기, 스스로 밥 먹기 등의 기본생활 습관이 필요해요. 특히 자리 이탈은 위험한 상황에 놓일 수 있어서 꾸준한 훈련이 필요합니다. 손을 계속 잡고 다녀도 사진을 찍거나 다른 학생을 도와주어야 하는 일이 생기면 잠시 손을 놓는 일이 있어요. 그 짧은 틈에 멀리 달아나는 학생도 있었답니다. 다행히 막힌 공간에서 하는 체험이라서 도망갈 곳은 없었지만, 그래도 아찔할 때가 한두 번이 아니에요. 학교에서 매일 야외를 나가는 게 아니기 때문에 가정의 도움이 필요해요. 익숙한 장소에서 낯선 장소로, 단순한 장소에서 복잡한 장소로, 매력이 없는 장소에서 매력적인 장소로 환경을 바꾸며 야외를 경험해야 해요. 처음에는 손을 잡고 하지만 점차 거리를 벌려서 스스로 하도록 해 주세요. 이탈이 심한 아이라면 미아 방지줄을 활용해도 좋아요. 나머지 기본생활 습관은 추후 다루도록 하겠습니다.

Q. 학부모가 체험 학습 장소까지 아이를 데려다줘야 하나요?

A. 특별한 사정이 아니라면 학교에서 함께 출발하는 게 맞습니다. 체험 학습은 이동부터가 교육이기 때문이에요. 시작부터 배제되는 건 올바른 교육이 아니라고 생각해요. 피치 못할 이유 없이 교사가 강요한다면 장애인 차별 금지 및 권리 구제 등에 관한 법률에 어긋나요.

Q. 4학년에서 체험 학습을 갑니다. 그런데 다른 반에 있는 다양하게 배우는 아이들과 저희 아이까지 모두 셋을 모아서 따로 특수교사와 다니라고 합니다. 이게 맞는 걸까요?

A. 상황에 따라 다릅니다. 만약 수영장, 놀이동산과 같이 복잡하거나 위험한 장소라면 함께 모여서 지도하는 게 안전해요. 일반교사가 아이의 의미행동을 통제할 수 없다면 특수교사가 곁에 있는 게 도움이 되거든요. 하지만 특별히 위험하지도 않고, 아이가 스스로 할 수 있음에도 안전을 핑계로 아이들을 모았다면, 차별 행위에 해당해요. 법적으로도 문제가 되고 통합교육도 아니지요. 만약 가벼운 도움이 필요한 아이라면 특수교육실무사, 일일 자원봉사자, 사회복무요원, 교과전담교사, 교감 선생님 등이 지원할 수 있어요. 학부모가 어떤 목소리를 내느냐에 따라 학교 지원도 달라진다는 점이 씁쓸합니다만, 미리미리 교사에게 요구할 필요가 있습니다. 물론 앞서 말한 대로 '전문

적인 도움'이 필요하다면 특수교사가 옆에 있어야 하고, 아이들을 모아서 인솔할 수도 있다고 생각해요. 일반교사나 관리자(교장, 교감)를 나쁘게 보진 않았으면 해요. 아무래도 아이에 대한 이해도가 상대적으로 부족해서 '이 활동은 참여하기 어려울 거야'라고 생각하는 경향이 있거든요. 생각의 차이는 아이를 잘 모르기 때문에 생길 수 있으며, 아이의 정보를 나누는 과정에서 충분히 바뀔 수 있어요.

Q. 완전 통합으로 일반학급에서만 교육받는 학생인데, 체험 학습을 할 때 특수교사의 지원을 받을 수 있을까요?

A. 먼저 완전 통합(일반학급에서만 수업받는 형태)은 소속이 일반학급이고, 보통 방과후 지원비, 치료 지원, 교통비 등 예산 지원에 초점을 두고 있어요. 학교마다 지원 사례가 다르지만 가장 나은 선택은 소속 학급에서 신청한 일일 보조 인력, 사회복무요원, 교과전담 교사 등의 지원을 받는 거예요. 가끔 학습도움반에서 지원하기도 하지만 그렇게 되면 정말 도움이 필요한 학습도움반의 아이가 큰 불편을 겪어야 해요.

Q. 수학여행에 학부모도 따라가야 할까요?

A. 보통 아이의 컨디션과 취침 두 가지 사안에 따라 결정돼요. 아이가 심한 멀미, 대·소변 조절의 어려움, 장염과 같은 병이 있다

면 장시간 버스를 타기 힘들어요. 이때는 별도로 학부모의 차량으로 이동할 수 있어요. 개별화 교육 지원팀 회의를 통해서 최적의 방법을 결정할 부분이에요. 실제로 예전에 장염이 심한 아이가 버스에서 대변 실수를 했고 휴게소에서 학부모가 올 때까지 기다려야 하는 사건이 있었어요. 일정이 일부 취소될 정도로 문제가 되었지요.

취침도 협의가 필요해요. 지도교사와 아이의 성별이 다르면 지원이 어려워요. 아이에 대해서 잘 모르는 동성의 교사나 지원 인력이 같이 자는 것도 쉽지 않은 문제고요. 아이가 잠을 못 자거나 밤새 우는 바람에 교사와 아이 둘 다 다음날 일정에 큰 차질이 생기기도 합니다.

분명 학교는 어려움을 해결하기 위해 최선을 다해야 해요. 하지만 그럼에도 불구하고 불가능한 부분이 있다면, 학부모가 동행하는 것은 차별이 아니라고 생각해요. 예를 들어 10명 이상 자는 방에서 아이가 의미행동을 심하게 하고 밤새 엄마를 찾으며 운다면, 추가로 방을 잡아서 교사와 있어야 해요. 그런데 방마저도 구하기 어렵다면, 학부모가 인근 숙소를 얻어서 재우는 방법도 있다는 것이지요. 학부모가 명예교사로 위촉되지 않으면, 안타깝게도 경비는 사비로 할 수밖에 없지만요. 더 나은 답을 학교 구성원들이 찾았으면 합니다.

Q. 체험 학습 준비물은 어떻게 되나요?

A. 보통 간식, 물통 정도를 챙깁니다. 너무 많은 간식을 챙겨서 탈이 나는 일도 있으니 적절히 준비해요. 혹시 멀미하는 학생이라면 미리 멀미약을 복용하고 여분의 약을 챙기도록 해요. 승용차에서는 멀미하지 않는 학생이 버스에서는 멀미를 할 수도 있어요. 혹시 대·소변 실수가 있는 아이라면 비닐, 속옷, 물티슈, 여분 바지를 챙겨 주면 좋아요. 휴대전화나 모자는 들고 왔다가 잃어버리기 쉬워요. 휴대전화를 자주 꺼내거나 모자를 자주 벗는 아이라면 되도록 가져오지 않는 게 낫습니다. 실제로 경력이 얼마 안 됐을 무렵, 아이가 모자를 잃어버려서 저에게 화를 내던 학부모가 있었어요. 그날은 참 힘든 체험 학습이었지요. 빈틈만 보이면 도망가는 아이, 떼쓰고 우는 아이, 도움이 필요한 아이를 저 혼자 데리고 있었으니까요. 아이들이 사고 나지 않도록 돌보고 활동에 참여시키는 정도가 최선이었어요. 모자를 잃어버렸다는 걸 전화 통화로 알 정도로 정신이 없었거든요. 그날 교사의 한계를 깨달아서 인력 지원을 강력하게 말하고, 잃어버릴 만한 물건은 가져오지 않도록 가정통신문에 기재하기 시작했어요.

운동회 혹은 체육대회

· · · · · · · · · · · · · · ·

가을의 꽃은 운동회입니다. 5월 1일 근로자의 날에 하는 경우도 있지만 보통은 가을에 진행하지요. 운동회는 학년마다 하는 프로그램과 단체로 하는 활동이 있어요. 학교에 따라 학년마다 날짜를 달리해서 학년별 운동회를 실시하기도 해요.

운동회를 한다고 하면 아이가 제대로 참여하지 못할까 봐 걱정하는 학부모도 있고, 반 친구들과 온전히 지낼 수 있도록 지원을 사양하는 학부모도 있어요. 저의 경우는 되도록 통합학급교사와 학부모의 요구에 맞게 지원하려고 합니다.

일반적으로 특수교사는 아이가 잘 참여하도록 도와줘요. 아이와 함께 달리거나 단체 활동을 보조해 주고, 응원석을 마구 돌아다니지 않게 옆에 있거나 아이의 활동사진을 찍어요. 화장실을 같이 가거나 음료 또는 간식을 챙기기도 해요. 하지만 지원할 학생이 많으면 도움도 분산되기 때문에, 현실적으로 모두를 위한 밀착 지원은 힘들어요. 이때는 활동 지원 인력, 사회복무요원 등의 지원을 활용하기도 합니다.

장소가 복잡하고 시끄러워서 걱정되지만, 아이들은 제법 의젓하게 단체생활에 잘 참여합니다. 또래 친구들의 배려와 통합학급교사의 지원 덕분이라고 생각해요. 부모가 오면 아이가 참 좋아해요. 어깨에 힘이 들어가고 의젓하게 참여하려고 노력하지요. 특별한 날은 특별한 기억으로 남아요. 아이들과 좋은 추억을 많이 남기는 운동회가 되었으면 합니다.

그 밖에 운동이나 게임에 특별한 재능이 있는 학생은 지역별이나 전국 단위의 장애 학생 체육대회에 참가하기도 해요. 우수 선수 발굴을 목표로 하는 육성 종목에는 골볼, 보치아, 수영, 육상, 탁구 등이 있고, 체육활동 저변 확대를 위한 보급 종목에는 e-스포츠, 역도, 볼링, 축구, 배드민턴 등이 있어요. 숨겨진 재능을 발견하고 도전정신을 배우는 뜻깊은 시간이에요.

중학교 입학 준비

10월쯤이 되면 6학년을 대상으로 중학교 입학과 관련된 수요조사 공문이 옵니다. 학부모는 가정과 가까운 인근 중학교를 1~3순위 또는 1~5순위까지 알아보아야 해요. (특수학교 중학교 입학 서류 절차는 좀 더 빠르니 미리 특수교사에게 의사를 밝혀야 해요.) 보통 가정에서 가장 가까운 학교를 최우선으로 알아보지만, 지원이 몰리는 중학교는 기준에 따라 다음 순위로 밀릴 수 있어요. 따라서 2지망, 3지망 학교도 마음에 드는 곳으로 미리 생각해 두어야 해요. 1지망 학교에 당연히 가는 줄 알고 2, 3지망 학교를 대충 써서 내거나 "선생님이 알아서 해 주세요."라고 하는 학부모가 종종 있답니다. 미리 학습도움반이 설치된 중학교에 전화를 걸어 중등 특수선생님에게 학생 수, 학급운영 스타일, 학교 분위기 등 학급의 궁금한 점을 묻는 것도 좋은 방법이에요. 아울러 중학교 선정은 초등 특수선생님의 능력과 무관한 일이니, 원망이나 감사 인사는 맞지 않아요.

Q. 중학교의 분위기가 궁금합니다.

A. 중학교는 스스로 해야 하는 경험이 늘어납니다. 초등학교는 2명의 담임교사(통합학급교사, 특수교사)가 대부분 시간을 함께 하며 아이를 위한 교육을 지원할 수 있어요. 그래서 학생 정보도 상대적으로 얻기 쉬워요. 하지만 중학교는 통합학급교사가 교과 선생님이기 때문에 전달 사항을 알리는 시간, 학생 상담 시간, 점심시간, 수업 시간, 하교 지도 시간 정도만 아이를 볼 수 있어요. 다른 교과 선생님과 아이의 정보를 공유하지만, 아무래도 한두 명이 지속해서 지도하는 초등학교와 달라요. 물론 중학교 특수교사가 초등 특수교사와 마찬가지로 많은 지원을 해 주지만, 환경 자체는 아이가 자기주도적인 경험을 많이 할 수밖에 없어요.

중학교 1학년은 꿈과 끼를 찾도록 돕는 자유학기제를 운영합니다. 수업은 활동 중심으로, 평가는 과정 중심으로 하게 돼요. 토론과 실습 위주의 참여형 수업과 진로 탐색 교육을 받고, 시험을 보지 않는 제도예요. 학습 부담이 줄고 실제적인 경험을 할 수 있어서 다양하게 배우는 학생에게도 좋은 제도이지요.

학습도움반 vs 특수학교, 어디로 갈까?

초등학교 5, 6학년 자녀를 키우는 학부모는 중학교 진학에 대한 고민이 많습니다. 일반학교와 특수학교 중에서 고민하지요. 대안학교도 많이 고민하고요.

저는 '독립'을 키워드로 말씀드리고 싶어요. 아이가 또래와 소통하고 일상생활에서 많은 부분을 스스로 할 수 있다면 일반 중학교를, 독립에 큰 어려움이 있어서 적절한 지원이 집중적으로 필요하면 특수학교를 추천해요. 물론 특수학교에 간다고 또래와의 교류와 독립적인 생활을 포기하는 건 아니지만, 일반학교의 학습도움반이 훨씬 다양한 사회적 기술과 정보에 노출된 건 분명해요.

특수학교는 학습이 어렵고, 심한 장애 진단을 받은 아이가 입학에 유리해요. (특수교육 대상자로 선정되어 받은 장애 유형은 교육적인 분류에 불과합니다.) 지역 행정복지센터 사회복지과에 문의하면 장애 등록을 위한 절차를 안내해 줍니다. 해당 지정 병원으로 가서 검사받고 장애 진단을 받아요. 다만 병원에 따라 진단받을 사람이 많아서 6개월 이상이 걸릴 수도 있어요. 특수학교는 입학 경쟁이 심하니, 만약 특수학교도 생각하고 있다면 미리 장애 진단을 받아야 해요.

그 밖에 지원의 수준으로도 일반학교와 특수학교 중 하나를 생각해 볼 수 있어요. 지원의 종류는 크게 네 가지입니다.

① 필요할 때나 위기 상황에서 일시적으로 제공되는 간헐적 지원

② 제한된 일정 시간 동안 일관성 있게 제공되는 제한적 지원

③ 몇몇 환경에서 정기적으로 제공되는 확장적 지원

④ 항구성을 가지는 고강도의 지원을 지속적으로 제공할 필요가 있는 전반적 지원

1, 2번에 해당하면 일반학교 속 학습도움반, 4번에 해당하면 특수학교가 적절해 보여요. 3번은 아이가 특수교육실무사의 보조를 받아 일반학급에 잘 참여한다면 학습도움반, 인력 지원이 어려우면 특수학교를 추천해요.

특수학교는 집중적이고 전문적인 교육을 다각도로 지원하는 체계와 시설이 있어요. 생활훈련실, 감각훈련실 등 일반학교에서 경험할 수 없는 지원 공간도 있답니다. 교사 혼자 고전분투하는 학습도움반과 달리 특수학교는 특수교사들이 함께 있어서 특수교육에 또 다른 시너지를 낼 수 있어요. 또한 특수학교는 초등과정, 중·고등 과정 및 전공과(2년, 직업을 가지기 위해 배우는 과정)까지 있어서 체계적인 성장과 현실적인 진로 교육을 받을 수 있어요. 반면에 학습도움반의 강점은 다양한 또래와 상호작용을 하는 경험의 질이 높다는 거예요. 교사가 인위적으로 사회적 상황을 만드는 것보다 또래와 한 번 만나는 것이 나은 경우가 많아요. 경험의 질이 높고 사회적 기술을 자주 볼 수 있으며 일반화도 가능한 환경이지요.

- 물건을 빌리는 상황: '물건이 없으면 저렇게 말하면서 빌리는구나!'
- 수업 중에 발표하는 상황: '다른 생각을 발표할 때는 손가락을 2개 펴는구나!'
- 친구가 좋아서 때리는 상황: '때리니까 오히려 싫어하는구나!'
- 돈을 빌리는 상황: '친구에게 그냥 돈을 주면 안 되는구나!'

아이는 다양한 상황을 관찰하면서 자기 행동을 다시 돌아보게 돼요. 관찰과 모방을 잘할수록 학습도움반은 가치 있는 공간이 돼요.

제가 만난 A 학부모는 아이의 교육 요구와 상관없이 무조건 일반학급(완전 통합)에 있겠다고 했었어요. 어떤 마음인지 이해는 되었지만, 아이를 위한 유일한 길은 아니라는 생각이 들었어요. 그 뒤 어렵게 조율해서 부분 통합(학습도움반)으로 배치를 바꾸었지만, 솔직히 안타까웠지요. 제가 봤을 때 그 아이는 사실 특수학교에 가야 큰 도움을 받을 수 있었거든요. 나중에 들리는 소식에 의하면 A 학부모도 결국 특수학교에 갈 생각을 했지만, 6학년 자리가 없어서 다른 지역으로 이사를 갔다고 하더군요.

특수학교 3학년 자리가 생겨서 학습도움반에서 특수학교로 재배치를 신청한 경우도 있었어요. B 학부모는 특수학급과 특수학교 중 어디를 보낼지 고민하며 저에게 자주 하소연했었답니다. 교육 배치는 중요한 문제이기 때문에 학부모의 심정을 충분히 이해해요. B 아이는 학습, 생활 분야에서 지원이 많이 필요했지만, 사회성이 좋고 관찰과 모방 그리고 표현 능력이 좋았어요. 학습도움반, 특수학교 어디에 있어도 잘 해낼 아이였죠. 제가 딱 정리해서 말씀드리면 좋겠지만, 학교 상황과 아이 특성에 따라 어느 곳이 좋을지 판단하기 어려운 예도 있어요. 아무쪼록 아이 성장에 도움이 되는 방향으로 선택했으면 합니다.

반창고쌤의 교단 일기

"어! 장애인 가르치는 선생님이다!"

볼일이 있어서 학교 근처 서점을 들렀다가 아이들이 반갑게 외치는 소리를 들었다. 혹시라도 우리 반 지은이가 있을까 싶어서 주변을 둘러보았다. 지은이는 학습도움반에 거부감이 있는 학생이었다. 체육이면 체육, 미술이면 미술, 예체능 과목을 똑 부러지게 잘했고 친구도 많았다. 하지만 한글 실력이 부족한 탓에 공부 스트레스가 심했다. 내 기준에는 그냥 국어 실력이 부족한 아이였다. 그런데 만약 장애인이라는 소리를 들으면? 철렁 가슴이 내려앉는 기분이었다.

"안녕, 너희 어디 가니?"

밝게 인사를 한 나는 아이들에게 바른 표현을 어떻게 알려 줄지 머리를 굴렸다.

학습이 무르익는
11월 과정

 1학기, 2학기의 적응기를 마친 아이는 학교생활에 안정기를 보냅니다. 나름의 속도로 성장하는 모습을 보면 매년 11월만 있으면 좋겠다는 생각이 들어요. 꾸준함이 주는 힘을 느끼는 달이기도 하지요. 반면 학부모는 두 종류로 나뉘어요. 일관되게 아이를 지지하고 격려하는 그룹과 번아웃으로 인해 아이에게 관심을 주기 힘든 그룹으로 갈립니다. 넉넉한 마음으로 천천히 그러나 꾸준히 지원할 수 있는 나만의 페이스를 찾아야 해요. 아이의 소소한 변화를 알아차리고 어제보다 오늘, 오늘보다 내일이 성장할 거라고 믿어 주세요. 제가 본 아이 중에 성장하지 않은 아이는 단 한 사람도 없었으니까요.

학부모 공개수업

* * * * * * * * * * * * *

시기는 학교마다 다르지만, 모든 학년이 비슷한 시기에 학부모 공개수업을 합니다. 학습도움반 역시 수업을 공개해요. 교과는 국어, 수학 또는 주제별 수업으로 이루어져요. 사실 특수교사는 공개수업에 고민이 많아요. 학습도움반에 오는 학생 수가 많으면 모두를 만족시키는 공개수업을 하기 어렵거든요. 아이마다 학습 수준의 차이가 크고 평소에도 아이들이 한꺼번에 내려오는 게 아니기 때문이지요. 그래서 저는 저학년, 고학년처럼 두 그룹으로 나눠서 공개수업을 두 번 해요. 그러면 평소처럼 아이들이 활동하는 모습을 볼 수 있고, 저 또한 수업의 질을 높일 수 있으니까요. 교사에 따라 전체 학생을 대상으로 효과적인 수업을 하거나 교과와 연계된 요리, 공예, 체육 등의 흥미로운 수업을 하기도 해요.

수업을 공개하면 아이들은 예민해져요. 그 예민함이 좋은 방향으로 흐르면 평소보다 집중을 잘하고 발표도 적극적으로 합니다. 만약 예민함이 그릇된 방향으로 흐르면 괜히 의자에서 넘어지고 산만해지고 울기도 해요. 사실 아이들이 이해돼요. 모르는 사람이 나를 지켜본다고 하면 부담스러울 것 같아요. 혹은 부모가 지켜보는 게 좋아서 자꾸 돌아보게 되고 산만해지지요. 정도의 차이가 있을 뿐 아이라면 누구나 흥분하거나 예민해지는 건 당연합니다. 제가 가르쳤던 아이는 눈 깜짝할 사이에 책상 위에 올라가는 행동을 할 정도였어요. 3년을 가르쳤는데 처음 본 행동이었지요. 그날 이후로 그런 행동은 단 한 번도 나타나지 않았어요. 그런 의외의 모습에 학부모가 오해하거나 상처를 받지 않을까 염려될 때가 있답니다.

수업 참관 후 부모가 해야 하는 일이 있어요. 아이를 꼭 안아 주면서 "예쁘게 앉아 있네", "선생님 말씀을 잘 듣는구나!", "칠판을 열심히 보네", "발표하는 친구를 잘 보는구나!", "공부하는 모습이 자랑스럽다." 등과 같은 정서적 지지를 해 주세요. 아이는 누구나 엄마, 아빠 앞에서 잘하고 싶어요. 그 마음이 의미행동을 키우는 방향으로 간 아이도 있고, 좋은 행동으로 간 아이도 있을 뿐이에요. 둘 다 잘하려는 마음이랍니다. 공개수업 후 다음 수업 시간이 있다 보니, 학부모와의 대화 시간은 별도로 없어요. 그래서 쉬는 시간에 학부모와 대화하기도 하지만 보통 수업 참관에 관한 학부모 의견서를 작성하는 절차로 끝나요. 수업 공개를 마치고 나면 교사가 경황이 없을 수 있으니 만약 이야기를 길게 하고 싶다면 상담 날짜를 잡고 대화를 진행하면 좋아요. 다만, 수업을 잘한 점과 못한 점으로 평가하듯이 말하면 상처가 되겠죠? 교사에게 수업은 자존심이기 때문에 미리 할 말을 기록하고 표현해야 불필요한 오해가 생기지 않아요.

이외에 수업 공개와 관련해서 생각해 볼 사안도 있어요. 학부모는 학습도움반 공개수업과 달리 통합학급 공개수업의 참관을 쉽게 결정하지 못해요. 아이가 통합학급에서 의미행동을 하거나 지나치게 수동적으로 참여할까 봐 걱정되기 때문이에요. 통합학급교사도 걱정이 있어요. 다수의 학생 속에서 다양하게 배우는 아이를 어떻게 지도할까 고민이 될 거예요. 이럴 때는 특수교사에게 자문하고 최선의 방법을 찾도록 노력해야 하지만, 종종 통합학급교사가 학부모에게 공개수업의 불참을 유도하기도 해요. 그건 부적절한 행동이지요. 장애인 차별 금지법에 어긋납니다. 또 생각해 볼 일이 있어요. 통합학급에서 국어나 수학 교과로 공개수업을 하는데 다양하게 배우는 아이의 학부모가 참여한다고 하면 통합학급교사는 당황해요. 왜냐하면 아이는 통합학급에서 국어, 수학을 배운 적이 없기 때문이에요. 그럼에도 통합학급에서의 아이 모습을 보고 싶다면 참관할 수 있어요. 개별화 교육 지원팀 회의 때 통합학급 수업 참관 여부를 알려 준다면 미리 특수교사가 통합학급교사의 공개수업에 지원할 수 있는 방안 (예: 수정된 학습 자료, 자기주도적 학습이 가능한 과제, 행동 지원 등)을 협의할 수 있어요. 정답은 아니지만 위의 내용을 간단히 정리해 보겠습니다.

① 학습도움반 공개수업은 아이의 '학습 및 생활 모습'을 이해하는 데 도움이 되니 참관을 추천합니다.

② 통합학급 공개수업 교과가 국어, 수학이라면, 통합학급 속 아이의 '생활 모습'을 볼 수 있습니다. 학부모는 개별화 교육 지원팀 회의에서 통합학급 수업 참관을 희망한다고 의사를 표현합니다. 나중에 공개수업일이 잡힌 뒤에 이야기해도 되지만 빨리 말할수록 교사끼리의 협의나 지원을 위한 시간을 확보할 수 있습니다.

③ 통합학급 공개수업 교과가 국어와 수학 외에 나머지 교과라면, 통합학급 속 '학습 및 생활 모습'을 보기 위해 참관합니다.

참고로 공개수업의 참관은 의무가 아니에요. 맞벌이나 개인 사정으로 못 오게 되면 참관하지 않아도 괜찮습니다. 공개수업일이 다가오면 학부모에게 이런 연락을 받곤 했어요. "선생님, 통합학급 수업 공개 시간에 아이가 학습도움반에 있어도 될까요?" 저는 흔쾌히 그래도 괜찮다고 말해요. 어떤 학부모는 자녀가 수업에 제대로 참여를 못 해서 상처받을까 걱정하고, 어떤 학부모는 자녀의 부족한 모습을 다른 학부모에게 보여 주기 싫어해요. 모든 마음이 이해되고 학부모의 선택 또한 존중합니다.

특수교사의 성향에 따라 공개수업과 별도로 학부모 참여 수업을 추가 진행하기도 해요. 아니면 학부모 공개수업을 학부모 '참여' 수업 형태로 진행하기도 하고요. 학부모 공개수업은 학부모가 수동적으로 관찰하는 것이고, 학부모 참여 수업은 아이와 학습 목표를 향해 함께하는 수업이에요. 아무래도 학부모도 참여하는 수업이다 보니, 요리, 체육, 음악, 놀이 등 주제 학습으로 구성합니다. 참여 수업의 장점은 아이의 긴장이 완화되고 강도 높게 정서적 지지를 받게 된다는 점이에요. 주의 사항도 있어요. 학부모가 아이 대신 과제를 해 주거나 못한다고 지적하는 태도는 참여 수업에 어울리지 않습니다.

학교 축제

· · · · · · · · ·

별도의 축제나 행사를 여는 학교가 있습니다. 보통 학교 축제와 방과후 프로그램 축제로 나뉩니다. 아이가 방과후 프로그램에 참여하지 않았다면 방과후 축제는 아이와 관련이 없지만, 학교 축제는 달라요. 아이가 학년별로 진행하는 프로그램에 참여해야 해요. 율동, 쉬운 타악기 연주처럼 아이가 할 수 있는 역할을 맡거나 지원 인력의 도움을 받아 참여한답니다. 문제는 관리자(교장, 교감)가 학습도움반에서도 프로그램을 하나 짰으면 좋겠다고 말하면서 시작돼요. 지금까지도 두 가지 의견이 상충해서 고민이에요.

첫 번째 의견	두 번째 의견
"학습도움반 학생들이 공연하면 부정적인 효과만 생겨요."	**"학습도움반 학생들이 공연하면 좋은 경험을 얻을 수 있어요."**
• 학년별 프로그램에 참여하는데 굳이 학습도움반에 가는 아이들을 모아서 부족한 공연을 보여주는 게 의미가 있나요?	• 공연을 준비하는 과정에서 얻는 예술적 경험, 목표 성취, 도전 등의 교육적 가치가 커요.
• 다양하게 배우는 아이에 대한 부정적인 인식만 생겨요.	• 공연을 준비하는 과정에서 팀워크와 소통 능력이 향상돼요.
• 잘못된 시선으로 아이를 보면 '○○이는 장애인'이라는 오해가 생길 수 있어요.	• 학년 프로그램에서 하는 역할보다 큰 역할을 할 수 있어서 자존감도 올라가요.
• 우리 아이는 학습도움반에 오는 걸 부끄럽게 생각하는데, 전체적으로 공개하면 학교에 어떻게 다니나요?	• 매번 남들만 올라가던 무대에서 주인공이 되는 경험이 생겨요. 열심히 땀을 흘리며 배운 것을 발표하면 만족감, 자신감을 듬뿍 얻어요.

전자와 후자 모두 가능한 결과라서 선택하기 어려워요. 결국 결정은 학부모의 몫입니다.

아이를 위한 지원 인력

특수교육실무사는 특수교육이 필요한 학생들의 교육적 목표를 성취할 수 있도록 보조 지원하는 사람을 말해요. 학습도움반이나 특수학교에 배치되고, 지역에 따라 특수교육지도사라고도 부릅니다.

학습도움반에 배치된 특수교육실무사는 학생의 통합교육을 위해 독립적인 생활을 보조해요. 휠체어를 밀어 주고, 대·소변을 지원하며, 학습도움반이나 통합학급 교실 속 아이의 교육을 보조하고, 식사를 돕는 등의 일을 합니다. 아쉽게도 모든 학교에 배치된 건 아니에요. 학생의 장애 정도, 교사당 학생 비율 등 항목별 점수화를 통해 더 필요한 학교로 인력을 배치하거든요. 저 또한 10명의 학생을(특수학급 기준 최대 6명) 가르쳤을 때, 특수교육실무사를 배치받지 못해서 애먹은 기억이 있어요. 위급한 지원이 필요한 아이가 없어서 자꾸 배치 순위가 밀렸답니다.

요즘은 종일제로 있는 특수교육실무사 외에 장애 학생 지원 인력이나 자원봉사자 형태의 보조 인력을 고용하여 필요한 2~3시간만 지원받기도 해요. 이 또한 예산 부족으로 인력을 구하기 힘들지요. 그만큼 교육 현장에는 보조 지원이 필요한 아이들이 많다는 근거이기도 해요. 특수교육실무사 이하 지원 인력은 현장에 꼭 필요한 선생님이에요. 다만, 어떤 학교는 교사와 특수교육실무사의 관계가 틀어지기도 해요. 여러 예가 있겠지만 학부모와 관련된 내용을 말씀드릴게요. 한두 아이를 특수교육실무사가 전담하여 맡게 될 경우, 몇몇 특수교육실무사는 그때 생긴 정보를 자기 생각과 함께 학부모에게 바로 전달하곤 해요. 그건 자칫 그릇된 상담으로 이어질 수 있어서 문제가 될 수 있어요. 상담은 전문가인 특수교사의 역할이니까요. '아이의 정보가 궁금한데 물어볼 수 있지'라고 생각해서는 안 돼요. 병원과 비슷합니다. 간호사가 아이와 같이 있다고 아이의 증상을 판단하거나 약을 처방하지 않는 것과 마찬가지예요. 특수교사와 이야기를 나누어야 정확하고 의미 있는 정보를 얻을 수 있습니다.

특수교사보다 특수교육실무사와 대화하는 게 덜 부담스럽겠지만, 그렇다고 사적으로 연락을 주고받으면 우려스러운 일이 생길 수 있어요. 특수교육실무사가 한 말을 오해해서 학부모가 상처받거나 싸운 사례도 있으니, 급한 일이 아니라면 절대 개인적으로 연락하는 일은 없었으면 합니다. 특수교육실무사가 가진 정보는 결국 교사와 공유되고, 교사는 분석을 통해 입체적인 정보를 학부모에게 알리게 돼요. 아이에 대한 다른 지원이 필요할 때도 특수교육실무사에게 말하는 것보다 교사에게 직접 말해야 합니다. 그래야 최적의 지원이 가능해요. 교사는 바람직한 지원을 위해 교구 제작, 자료 제작, 특수교육실무사의 지원, 관찰 기록, 행동 규칙, 지원 시간 등을 조율한답니다. 의사를 건너뛰고 약이나 치료를 처방받아선 안 되는 것처럼, 교사를 건너뛴 교육이 있어선 안 돼요. 따라서 학부모는 특수교육실무사 등의 지원 인력 선생님에게 감사한 마음을 가지되 특수교사와의 원만한 교류에 초점을 두어야 해요. 아울러 특수교사와 특수교육실무사는 중요한 협력 관계이지요. 일부의 사례로 인해 갈등 관계라고 오해하는 일은 없었으면 합니다.

Q. 제 아이도 특수교육실무사(이하 지원 인력)에게 지원받을 수 있을까요?

A. 아쉽게도 도움이 필요한 아이라도 특수교육실무사가 배치되지 못할 수 있어요. 지원 인력이 상당히 부족한 실정이에요. 보통 특수교육실무사를 배정받을 때 교사가 지원받을 대상과 범위를 생각하고 신청합니다. 특수교육실무사는 역할에 맞게 활동하되 융통성 있게 다른 아이를 지원하기도 해요. 단, 적은 자원 속에서 누구를 지원해야 할지 논란이 생길 수 있기 때문에, 특수교육실무사의 지원 영역 및 강도, 역할, 지원의 우선순위는 개별화 교육 지원팀 회의에서 결정합니다.

아이를 위한 긍정적인 훈육이란?

아이를 훈육할 때 어떤 표정을 많이 짓나요? 그리고 아이는 어떤 감정에 자주 빠질까요? 훈육은 아이의 미래를 다루는 기술이에요. 어떻게 훈육하느냐에 따라 아이는 동기부여, 책임감, 자존감, 인간관계, 자기관리 등에서 다른 모습을 보이게 돼요. 부모라면 누구나 부담감이 확 생기지요. 저는 '긍정이란 부정을 지우는 일'이라는 말을 좋아해요. 부모에게도 마찬가지로 적용된답니다. 부모가 잘못 알고 있는 생각을 지우는 것만으로도 아이에 관한 훈육 태도는 긍정적으로 달라지니까요. 우리는 어떤 왜곡된 생각을 하고 있을까요?

첫째, 부모는 아이의 행동을 통제하는 방법을 배우면 된다고 착각합니다. 아니에요. 아이보다 부모가 먼저 모범을 보여야 훈육이 빛나요. 부모가 책을 읽지 않으면서 아이에게 책을 읽으라고 강요할 수 없지요. 부모가 감정을 통제하지 못하면서 아이에게 화내지 말라고 할 수 없어요. 만약 감정이 격해진다면 부모는 머리를 식히기 위해 자리를 떠나야 해요. 아이에게 "아빠가 지금 머리가 뜨거워서 5분 뒤에 이야기하자."라고 말해 주어야 해요. 이 행동조차 아이가 배우고 머리를 식히는 방법으로 활용하게 됩니다.

둘째, 부모는 아이의 마음이 상해야 제대로 된 훈육이 됐다고 착각합니다. 아니에요. 따끔하게 혼내는 식으로 아이에게 상처를 주는 훈육 문화는 사라져야 해요. 대신 해결 방법을 함께 찾아야 합니다. 아이가 컵을 깨는 상황이 생겼어요. 먼저 위험한 컵을 치우고 아이의 놀란 감정에 공감해 주세요. 그리고 반드시 해결 방법을 생각하도록 유도해야 해요. "어떻게 하면 컵을 안 깰 수 있을까?" 아이가 아이디어를 떠올리지 못하면 몇 가지 방법을 추천하고 아이가 고르도록 해요. 부모는 항상 자문해야 합니다. 지금 내 말과 행동이 아이의 마음을 지지하는 걸까? 아니면 상처를 주는 걸까?

셋째, 부모는 아이의 실수를 끔찍한 사건으로 착각합니다. 아니에요. 누구나 실수해요. 특히 아이는 실수하는 게 당연한 존재예요. 자연스러운 일을 자연스럽게 받아들이지 못하면 갈등이 생기죠. 부모는 오히려 실수를 좋아해야 해요. 아이가 배우고 성장할 기회를 얻었기 때문이에요. 실수를 인정하는 경험, 사과하는 경험, 문제를 해결하는 경험을 가질 수 있어요. 최근에 제 아이가 휴대전화를 잃어버렸는데, 이럴 때 어떤 대화를 나누느냐가 중요합니다.

[실수에서 배우지 못하는 대화]

부모: 왜 잃어버렸어!

아이: ….

부모: 내가 이럴 줄 알았어. (이어지는 꾸중)

[실수에서 문제 해결 방법을 배우는 대화]

부모: 앞으로 어떻게 하면 안 잃어버릴까? 좋은 방법이 없을까?

아이: 가방 옆 주머니에 넣었는데 빠져나온 것 같아요. 앞으로 휴대전화 줄을 목에 걸고 다닐게요.

넷째, 부모는 아이가 못하니까 다 해 주어야 한다고 생각합니다. 아니에요. 아들러가 강조한 소속감과 사회적 책임은 매우 중요해요. 아이는 소속감을 느끼면 자신을 중요한 존재라고 느낀답니다. 아이가 공동체에서 공헌하고 있다고 느끼면 행동이 긍정적인 형태로 바뀔 거예요. 부모가 다 해 주면 아이는 소속감과 사회적 책임을 경험할 수 없겠죠? 따라서 부모는 일부라도 아이가 할 수 있는 영역을 찾아야 해요. 아이에게 역할을 주고 격려하며 자신의 성과를 시각적으로 확인할 수 있는 활동(칭찬 도장, 칭찬 스티커, 활동했던 사진 감상)을 해야 해요.

다섯째, 부모는 아이에게 사랑만 주면 된다고 믿습니다. 아니에요. 사랑은 필요하지만 단호함도 필요해요. 콜라를 물처럼 매일 먹는 아이에게 사랑하니까 콜라를 계속 준다면 그건 학대예요. 아이를 존중하고 부드럽게 대하되 반드시 알아야 할 핵심 행동은 확실히 배우도록 지도해야 합니다.

1단계 : 저런, 콜라를 못 먹어서 속상하겠구나.

→ 부드러운 태도로 말하기

2단계 : 그래도 너무 많이 먹으면 아플 수 있는 거 알지? 1주일에 한 번만 마시기로 했으니까.

→ 확고한 행동 목표 알려 주기

3단계: 오늘도 안 먹고 대단해. 조금만 더 참자. 파이팅!

→ 과정 행동 확인과 격려하기

그 뒤로도 칭얼거리면 말보다는 벽에 붙인 약속 글이나 약속 카드를 보여 줍니다. 너무 말을 많이 하면 아이한테는 잔소리로 느껴지니까요. 잔소리는 한쪽 귀에서 다른 쪽 귀로 빠져나가요. 아이가 격하게 운다면 잠시 자리를 떠나요. "마음이 편안해질 때까지 방에 있을래? 아니면 아빠가 잠시 옆방에 갈게." 아이와 완전히 차단된 곳에 있기보다 근처에서 아이의 반응을 보면서 자기감정을 돌볼 시간을 주세요. 감정이 차분해지기 시작하면 다가가 지지와 격려를 건네요. 아이와 해결책을 구상하는 시간은 아이가 기분이 좋을 때 합니다. 목표를 함께 작성하고 아이가 직접 사인하도록 해요.

부모도 부모 역할이 처음이에요. 부모의 실수는 자연스러운 일이죠. 저도 처음에는 실수 후에 아이에게 사과하는 것이 부끄러웠는데, 하면 할수록 익숙해져요. 아이도 반성하고 사과하는 방법을 저를 보고 배우리라 생각해요. 위의 다섯 가지 생각을 한 번에 실천하기는 힘든 일이니, 한 가지씩 정복해 보면 어떨까요? 사랑하는 아이에게 긍정적인 훈육을 선물했으면 합니다.

학년의 끝과 시작인 12, 1월 과정

의미행동 훑래

학기 말에는 의미행동과 중재를 다시 점검하고 한 학기 동안의 아이 행동을 분석합니다. 그러면 학기 초와 달라진 아이의 변화를 느낄 수 있어요. 물론 어떤 아이는 미세한 성장을 보일 수도 있어요. 하지만 그런 아이조차 밑 빠진 바닥에서 키우는 콩나물처럼 물을 붓다 보면 어느새 쑥쑥 자라게 돼요.

학부모와 교사는 매년 아이의 독립적인 사회생활을 위해 의미행동을 함께 다루어야 해요. 보통 네 가지 과정을 거쳐요. 첫째, 교정할 의미행동을 고릅니다. 시급하고 중요한 행동을 교사와 함께 선정하는데, 빈도와 위험 정도를 기준으로 고칠 행동을 골라요. 둘째, 의미행동의 조건문을 학부모와 공유합니다. 어떤 상황에서 의미행동이 나타나는지 분명하게 숙지해요. 예를 들어 '과제를 받고 3분이 지나면(조건), 아이는 엎드린다(의미행동)'는 조건문을 알아야 해요. 셋째, 의미행동이 정해지면 상황별 중재 방법을 짭니다. 특수교사가 중재 방법을 정하면 통합학급교사, 학부모도 알고 활용해요. 모든 공간에서 같은 중재가 '일관성' 있게 이루어져야 행동을 바꿀 수 있어요. 과제 수준 줄이기, 흥미로운 과제 제시하기, 2분 뒤부터 지원하기 등의 중재 방안을 함께 논의해요. 넷째, '작은 과정'부터 차근차근 실시합니다. 한 번에 행동이 바뀌는 기적은 없어요. 아이가 작은 허들을 도전할 때마다 긍정적인 경험을 얻도록 지지해요. 작은 과정과 꾸준함을 잊지 않는다면 바람직한 행동을 가질 수 있어요. 행동 중재에 관한 자세한 내용은 2장에서 안내하겠습니다.

슬기로운 겨울방학 생활

드디어 겨울방학입니다. 공부습관을 잊을까, 배운 내용을 잊을까 교사도 학부모도 모두 조바심 나는 시기예요. 다양하게 배우는 아이들은 어떻게 방학을 보내야 할까요? 중요한 것은 배운 내용을 잊고 학습 습관이 무뎌진 채 새 학기를 맞이하는 일이 없도록 하는 것이에요. 따라서 현재 수준을 파악하고 배운 내용과 습관을 유지하는 데 중점을 두어야 합니다.

먼저 자녀의 현재 수준을 파악하기 위해서, 특수교사가 주는 2학기 개별화 교육 계획 평가 결과서, 통합학급교사가 주는 학교생활통지표 그리고 교사와의 상담이 필요해요. 아이의 새로운 출발점을 알면 방학 중에 다닐 학원 또는 치료 기관, 시중 학습지, 온라인 학습 등을 좀 더 수월하게 고를 수 있어요. 물론 가르치는 내용이 아이의 수준에 딱 맞지 않는 어려움이 있을 수 있지요. 이때는 간단한 단서부터 많은 단서까지, 적은 수정에서 많은 수정까지 배울 내용을 수정·조절해야 해요. 이렇게 방학 중에 얻은 정보는 새 학기 때 특수교사와 공유했으면 해요. 아이의 새로운 시작을 준비하는 데 귀한 밑거름이 됩니다.

다음으로 바람직한 생활 습관을 유지해야 해요. 가능하다면 착석하는 습관과 매일 공부하는 습관은 방학 중에도 가졌으면 합니다. 매일 공부하는 습관은 적은 양을 쉽게 해내는 경험부터 시작해요. 처음은 국어 한 문제, 수학 한 문제를 푸는 것부터 해도 괜찮아요. 단, 매일 해야 합니다. 익숙해지면 조금씩 양을 늘려 줍니다. 주디스 리치 해리스 작가의 『양육 가설』이라는 책을 보면 "부모가 원하는 방식으로 아이를 성장시킬 수 있다는 생각은 환상이다. … 당신은 아이를 완벽하게 만들 수도 망칠 수도 없다."라는 문장이 나와요. 완벽한 부모도 없고 완벽한 양육도 없어요. 시행착오를 겪으며 아이와 하나씩 맞추어야 해요. 만약 복습이 끝났다면 1학기 정도로 앞선 예습도 아이에게 좋은 경험이 된다고 생각해요. 다만, 아이에게 가장 중요한 것은 현재 수준에서 배운 개념을 확실히 아는 것입니다.

매 학기가 끝날 때면 긴 글을 학부모에게 보낸다. 열심히 아이를 지원해 준 학부모에 대한 감사의 마음을 글로 꾹꾹 눌러 담는다. 그러다 보면 더 잘 가르치고 싶은 욕구가 활활 타오른다. 매년 그 마음으로 방학을 맞이했다. 최소한 올해보다 내년은 하나라도 바꾸고 나아지겠다는 작은 다짐을 한다. 내가 닦은 길로 아이들이 걸어간다고 생각하면 허투루 지낼 수 없다.

"안녕하세요, 학습도움반 반창고쌤입니다. 한 학기 동안 아이들을 열심히 지원해 주셔서 감사합니다. 매 학기를 돌이켜보면 아이들이 많이 성장했다는 뿌듯함과 동시에 더 해 주지 못했던 아쉬움이 교차합니다. 호기심이 많고 잘 웃으며 주어진 과제를 척척 해내는 예진이, 배운 규칙을 지키려고 노력하며 또박또박 책을 잘 읽는 규민이, 친구들과 함께 활동하는 것을 좋아하고 과제를 끈기 있게 해내는 도이, 질문을 좋아하고 뚜렷한 소신이 있는 서원이, 자신감이 넘치고 동생들을 잘 돌보는 준환이, 아이들 모두가 저에게는 소중하고 고마운 선물입니다. '경험은 내가 무엇을 해야 하는지 말해 주고 확신은 내가 하도록 허용해 준다'는 말이 있습니다. 올해의 경험을 바탕으로, 내년에는 더 확신에 찬 행동으로 아이들을 이끌겠습니다. 다시 한번 올해 아이들에게 보낸 지지에 깊은 감사를 전합니다. 아이들과 행복한 추억을 알알이 쌓는 방학이 되셨으면 합니다. 감사합니다."

이제 다시 시작이다,

스티브 잡스나 마크 저커버그는 대단한 CEO이자 같은 옷만 입는 사람으로 유명해요. 같은 스타일의 옷만 입어도 의사결정의 피로를 줄이고 시간을 절약하며 유의미한 일에 더 큰 에너지를 쏟을 수 있다는 것이지요. 습관은 마치 그들이 입는 옷과 같아요. 안타깝게도 기본 생활 습관이 확립되지 않은 다양하게 배우는 아이들은 많은 시간과 에너지를 습관 유지를 위해 써야 합니다. 그만큼 에너지가 분산되어 학습에 투자하기 어려워요. 다시 말해 아이의 습관이 자동화되면 더욱 근본적인 활동에 집중할 수 있게 됩니다.

"먼저 습관을 만들어라. 그러면 습관이 당신을 만든다."
– 브라이언 트레이시

습관의 힘으로 아이에게 딱 맞는 옷을 지어 주세요.

Part. 2

긍정적인 습관은
아이의
평생 친구입니다

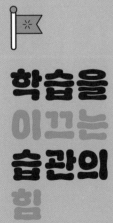

1장

학습을 이끄는 습관의 힘

앉는 자세만 바꿔도 학습이 달라진다

착석은 모든 학습의 토대가 되는 습관입니다. 유치원은 움직이는 활동과 바닥에 앉는 일이 많지만, 초등학교는 딱딱한 의자에 5, 6교시 동안 앉아야 해요. 하지만 다양하게 배우는 아이 중에는 앉는 습관이 부족해서 공부나 또래와의 상호작용에 문제가 생기는 일이 많답니다. 다시 말해 성공적인 통합교육과 학습을 위해서 착석은 반드시 익혀야 할 습관이에요.

의자에 바르게 앉는 습관은 3단계로 나눌 수 있어요. 먼저 습관 형성을 위한 1단계에서는 바른 자세를 꾸준히 연습해요. 발을 바닥에 두고 무릎은 90도 각도가 되도록 하며 등은 세우고 등받이에 붙여요. 머리는 거북목이 되지 않도록 앞으로 빼지 않아요.

습관 형성을 위해 부모는 두 가지를 생각해야 해요. 첫째, 목표를 분명히 합니다. 만약 처음부터 과제를 주고 의자에 앉혀서 공부시킨다면 어떻게 될까요? 아이는 의자에 앉는 불편함과 공부의 어려움으로 여러 스트레스를 한꺼번에 받게 돼요. 반복될수록 의자에 앉는 것을 싫어하게 됩니다. 따라서 목표를 분명히 할 필요가 있어요. 목표가 '의자에 바르게 앉는 습관 기르기'라면 책상에서 아이가 좋아하는 활동을 할 수 있도록 해 주세요. 색칠하기, 스티커 붙이기, 퍼즐 맞추기, 보드게임 하기, 장난감 가지고 놀기, 영상 보기 등 다양한 활동을 제공해요. 둘째, 아이의 착석 시간을 기록합니다. 아이가 1~2주일 동안 의자에 앉아 있는 시간을 재고 평균 시간을 알아내요. 시간을 재기 어렵다면 착석 영상을 찍어도 좋아요. 만약 아이가 10분을 앉은 후 몸을 비틀거나 의자에서 벗어나는 일이 생긴다면, 9분쯤 됐을 때 아이가 더 좋아하는 활동으로 바꿔서 의자에 조금 더 앉도록 만들어 주세요. 조금씩 시간을 늘려서 엉덩이 힘을 기르는 거죠.

학교용 의자를 미리 사서 집에서 적응시키는 학부모가 있을 정도로 의자에 앉는 습관은 정말 중요해요. 자리에서 이탈하는 행동은 1단계에서 자주 생기는데, 부모가 옆에 있으면 이탈이 줄고 금방 제지를 할 수 있다는 장점이 있어요. 그러니 우선은 부모 옆에서 1단계를 실행하며 앉는 습관을 길러 주면 좋아요. 교실에서는 착석이 어려운 아이를 교사 가까이 앉히거나 벽 쪽으로 앉혀요. 나갈 수 있는 길을 하나만 두면 관리가 조금 더 쉽답니다. 보통 교실에서 자리 이탈이 있으면 다른 사건으로 이어지기 때문에, 지나치게 자리 이탈이 심하다면 지원 인력을 배치하기도 해요. 아이의 바른 자세가 일정 시간 지속된다면 습관 강화인 2단계로 넘어갑니다.

강화 단계부터는 자기 점검의 과정이 들어가요. 보통 저학년은 15~20분, 고학년은 30분 이상 집중할 수 있다고 해요. 누구나 착석이 길어지면 자세가 많이 흐트러지기 마련인데, 이때 남이 시켜서 바른 자세로 앉는 게 아니라 스스로 교정할 수 있어야 해요. 이를 위해 정해진 때에 자신을 돌아보는 시간을 가지도록 해 주세요.

5분마다 알람이나 진동이 울리면 자세를 바르게 해요. 과제를 풀고 있다면 세 번째 문제를 풀 때마다 스스로 자세를 고쳐 앉도록 해요. 세 번째 문제에 '바르게 앉기'라고 쓰거나 약속 스티커를 붙이거나 별도의 모양을 표시해 줄 수 있어요. 약속한 곳까지 가면 아이는 자세를 검사해요. 스스로 하기 어렵다면 옆에서 지켜본 부모가 "세 번째 문제까지 잘 풀었네. 그리고 이게 무슨 뜻이었지?"라고 약속 모양을 가리킨 뒤 함께 바른 자세를 해요. 자기 점검이 힘들다면 일정 시간마다 부모가 살짝 등을 만지는 식으로 행동 단서를 주는 것도 좋아요. 부모가 "허리!"라고 말하면 아이가 "쭉!"이라고 외치며 자세를 고치는 식으로, 언어 단서를 주는 것도 좋고요. 계속 연습하면 단서와 상관없이 아이 스스로 자세를 점검하게 돼요.

마지막으로 일반화 단계가 있어요. 장시간 자세를 유지할 수 있는 습관이 완성되는 3단계예요. 긴 시간 공부하는 초등학교 고학년 이상이 가져야 할 습관이지요. 엉덩이의 힘이 충분히 길러졌기 때문에 이제는 오래 앉을 때 피로감을 줄일 수 있는 방석이나 등받이 쿠션 등의 물건을 활용해요. 건강한 의자 생활을 위해 스트레칭, 정기적인 휴식, 자세 변화, 독서대 생활화, 거치대 활용, 서서 공부하는 습관 등을 배워서 활용하도록 합니다.

의자에 바르게 앉는 습관 놀이 1.

바른 자세로 균형 잡기

균형을 잡아야 하는 상황에 놓이면 자세에 집중할 수 있게 돼요.

단계별로 물건을 떨어뜨리지 않고, 미션을 해내면 성공이에요.

● 준비물: 의자, 떨어져도 깨지거나 다치지 않는 물건(A4 종이, 베개, 인형, 종이컵 등)

● 놀이 방법

① 바른 자세로 앉아요.

② 균형을 잡기 쉬운 물건을 머리 위에 놓아요.

③ 부모의 지시에 따라 고개를 돌려요. 부모가 왼쪽이라고 하면 고개를 왼쪽으로 천천히 돌려요. 나중에는 지시 사항을 어렵게 바꿀 수 있어요. "왼쪽으로 돌리지 말고 오른쪽으로 돌려!" 마치 청군 백군 게임처럼 응용해 보세요.

④1단계는 인형 2회 통과, 2단계는 종이컵 2회 통과처럼, 단계를 두고
미션을 실행할 수 있어요.

- 활용 팁: 아이가 혼자 하기보다는 역할을 바꿔서 부모가 참여하면 좋
아요. 이때 모범적인 자세를 보여 줍니다. 아이가 주도적으로 놀이에
참여하면 더 재미있는 시간이 됩니다.

의자에 바르게 앉는 습관 놀이 2.

놀이

의자에 숨겨진 보물찾기

도둑이 훔친 보물을 의자에 숨겼어요. 용감한 시민이 되어 보물을 모두 찾으면
성공입니다. 단순하게 보여도 의자에 앉는 습관과 재미를 모두 잡는 놀이예요.

- 준비물: 의자, 포스트잇, 필기구
- 놀이 방법

①의자를 준비해요. 포스트잇마다 여러 보물을 기록해요. 그다음 도둑

역할인 사람이 의자나 의자 주변에 보물 종이를 붙여요.

② 게임 진행은 '무궁화꽃이 피었습니다'와 유사해요. 도둑은 뒤돌아

있다가 "보물을 찾았습니다!"라고 외친 다음에 의자 쪽을 지켜봐요.

③ 도둑이 지켜보면 시민 역할을 하는 사람은 의자에 바른 자세로 앉아

야 해요. 만약 바른 자세가 아니면 3개의 몫 중 하나를 잃어요. 총 세

번 걸리면 탈락이에요.

④ 도둑이 다시 뒤돌아서 "보물을 찾았습니다!"를 외치기 전에 시민은

다시 의자 주변의 보물(포스트잇)을 찾아요. 요약하면 도둑이 볼 때

는 바른 자세로 앉아 있고 도둑이 보지 않을 때는 보물을 찾아야 해

요. 시민이 모든 보물을 찾으면 시민의 승리, 도둑이 시민을 세 번 발

견하면 도둑의 승리로 합니다.

● 활용 팁: 의자의 개수를 늘리면 게임이 더 재밌어요. 다른 의자로 옮기

며 바른 자세로 앉아요. 난도를 올리려면 포스트잇의 크기를 다양하게

해요. 팝업 인덱스(필름 인덱스)도 추가하면 좋아요.

정리 정돈의
비결

다양하게 배우는 아이들은 자기 물건을 잘 챙기지 못하고 정리 정돈을 힘들어합니다. 스스로 배울 기회가 적은 탓도 있지만, 계획을 세우고 체계적으로 일을 처리하는 능력이 부족하여 정리 정돈을 어려워하기도 해요. 아울러 복잡한 정보를 조직하고 분류하기 어려워서 정리 정돈을 포기하기도 하지요.

아이들의 책상, 서랍, 사물함을 보면 여러 가지 물건이 어지럽게 뒤섞여 있어요. 이러면 준비물을 찾을 때 긴 시간이 걸려서 공부의 효율성이 떨어져요. 물건이 아무렇게 놓여 있다면 자기 물건을 소중히 여기는 마음 또한 배우기 힘들어요. 방은 그 사람의 마음을 대변하지요. 책상, 서랍 그리고 사물함은 아이의 학습에 관한 마음가짐을 나타낸답니다. 저학년은 스스로 하는 습관을 배우는 시기라서 선생님이 기다리고 도와주는 편이지만, 학년이 올라갈수록 자기 물건은 스스로 챙길 줄 알아야 해요.

학습의 출발선이라고 할 수 있는 정리 정돈 기술은 3단계로 나눌 수 있어요. 1단계는 인식 단계입니다. 정리 정돈의 필요성을 알아야 해요. 자기가 필요하다고 느낄 때, 아이들은 스스로 할 수 있는 힘이 생겨요. 이때 가정에서 할 수 있는 간단한 방법이 있어요. 아이가 간식 상자를 정리하도록 해요. 간식에 여러 가지 식료품이 섞여 있으면 정리의 필요성을 느낍니다. 이때 역할 부여, 목표 설정과 자연적인 결과도 주어야 해요.

부모: 간식을 제일 좋아하는 사람은 누구지? 맞아! 그러니까 앞으로
    간식 정리는 도준이가 하자. 우리 집 간식 반장으로 임명합니다.
    → 역할 부여하기
부모: 5분 정리 미션! 타이머 소리가 나기 전에 간식 정리를 끝내는 거
    야. → 목표 설정하기
부모: 와! 깨끗하다. 기분이 어때? → 자연적인 결과 느끼기

2단계는 기초 단계입니다. 물건을 '분류'하여 정리하는 경험을 쌓아요. 교과서는 교과서끼리, 필기구는 필기구끼리 모아요. 수동적인 정리 정돈과 더불어 아이가 정리 습관을 지닐 수 있도록 한두 개 특정 물건의 정리를 맡깁니다. 먼저 가장 좋아하는 물건이나 필요한 물건을 아이와 함께 골라요. 저는 교실에서 종이 치면 "연필, 지우개, 노트 챙겨요(노래 부르듯이 리

들감 있게)!"라고 매번 외쳤고, 이제는 아이들이 종이 치면 스스로 외치며 챙긴답니다. 정리도 마찬가지예요. 공부를 마치면 아이들이 연필, 지우개, 노트를 외치며 물건을 정리해요. 정리 습관이 생기면 범위를 점점 넓혀서, 사물함과 서랍을 정리하는 습관을 배워요. 택배 상자나 책장의 한 부분을 사물함이나 서랍처럼 활용하여 정리를 연습해요. 그 밖에 정리 정돈에 도움이 될 수 있도록 환경을 수정합니다. 학교에서 자기 물건을 쉽게 찾도록 네임 스티커를 붙여요. 이때 네임 스티커는 같은 색으로 구성하고 크기가 큰 활자여야 해요. 학교는 e알리미를 자주 활용하지만, 서류를 직접 가정에 보내기도 합니다. 그러므로 가정통신문, 신청서 등을 받는 즉시 보관 파일에 넣는 연습도 하면 좋아요.

3단계는 일반화 단계입니다. 가정에서 정리 정돈이 필요한 영역을 나누고 청결을 유지해요. 한꺼번에 모두 정돈을 하는 게 아니라 영역별로 오늘은 방, 내일은 거실 등으로 나누어요. 물론 아이와 함께요. 만약 아이 방만 정리한다면 '바닥 - 책상 위 - 서랍 - 다시 바닥 - 책장 - 옷장'처럼 영역을 나누어 매일 한 부분만 정돈하도록 해요. 가정에서 배운 습관이 학교에서도 유지되도록 교사와의 협력도 필요해요. 가끔 아이에게 사물함 사진을 찍어 오는 미션을 줘도 좋고, 교사에게 사물함 정리 정돈을 훈련 중이라고 설명한 뒤에 하교 때 잠시 교실에 들려도 좋아요. 초반에는 1주일마다 점검하되 점차 2주, 3주로 점검 주기를 늘려요. 정리가 부족하다면 2단계 훈련을 반복합니다. 3단계에서는 나의 물건뿐만 아니라 공동으로 쓰는 물건도 정리할 수 있어야 해요.

정리 정돈을 위한 습관 놀이 1.

이건 무엇일까요?

사진을 보고 아이가 정리할 물건을 찾아 바른 장소에 두는 놀이예요.

- 준비물: 스마트폰, 아이가 정리해야 할 여러 가지 물건들
- 놀이 방법

  ① 아이의 방에 들어가 물건 사진을 찍어요.

  ② 아이가 사진을 보고 제한 시간 안에 물건을 제자리에 두도록 해요.

  ③ 정해진 물건을 모두 제자리에 두면 성공이에요.

- 활용 팁: 물건이 처음 있던 위치를 모른다면 물건을 찾는 것은 아이가 하고, 제자리에 놓는 것은 부모와 함께해요. 그리고 물건의 일부 사진만 찍거나 시각 타이머를 이용하면 좀 더 흥미롭게 놀이에 참여할 수 있어요.

정리 정돈을 위한 습관 놀이 2.

사물함 정리 놀이

부모가 했던 정리와 똑같이 아이가 물건을 정리하면 성공하는 놀이예요.

- 준비물: 택배용 종이상자, 테이프, 물건 10개

- 놀이 방법

  ① 종이상자를 여닫는 플랩 종이 부분을 테이프로 붙여서 사물함과 같은 형태로 만들어요.

  ② 부모가 상자 안에 물건을 정리해 넣어요. 정리가 끝나면 사진을 다 각도로 찍은 후 다시 물건을 빼요.

  ③ 이제 아이의 차례예요. 아이가 방금 전에 찍은 상자 속 물건 사진을 확대해 보면서 어떤 물건을 넣었는지 찾은 뒤에 똑같은 형태로 정리해요.

  ④ 총점은 10점이고 하나 틀릴 때마다 1점씩 감점입니다.

- 활용 팁: 사물함 활동이 끝나면 책상 서랍 정리로 교체할 수 있어요. 잘 하는 아이는 시간을 제한해도 좋아요. 그리고 아이와 역할을 바꿔서 진행하면 정리 정돈을 더욱 재미있게 배울 수 있어요.

"준기 어머님, 오늘 준기가 등교하자마자 가방이 무겁다고 화를 내요."

준기 가방에는 학용품, 지나치게 큰 텀블러, 준기가 좋아하는 물건 그리고 교과서가 잔뜩 들어 있었다.

"네, 그런데 제가 교실까지 들어 줄 수도 없고 어떻게 할까요?"

준기 어머니는 난감하다는 듯이 말했다.

"교과서를 사물함에 넣으면 어떨까요?"

"준기가 집에서 공부하려면 교과서를 들고 와야 해서요."

준기 어머니는 내가 대신 등교 때마다 들어 주길 바라는 듯했다. 하지만 현실성이 떨어지는 대안이었다. 더 나은 방법을 떠올려야 했다.

"그럼 이러면 어떨까요? 교과서를 한 부 더 사서 집에 두는 거예요. 부담된다면 교과서를 쪼개는 방법도 있어요. 반으로 쪼개도 좋고 선생님이 제시하는 주간 학습에 맞춰서 단원별로 쪼개도 좋아요. 과목을 구분하고 파일에 잘 끼워야 하는 불편함이 있지만, 하루 배운 내용을 가정에서 바로 볼 수 있어요. 학년이 올라가면 교과서도 늘어날 테니 되도록 사물함을 사용했으면 좋겠습니다."

Q. 학습도움반에서는 교과서가 필요 없나요?

A. 특수선생님마다 달라요. 보통 교과서는 통합학급 사물함에 두고 국어, 수학 교과서만 학습도움반에서 씁니다. 다만 학습도움반에서는 학습 내용을 수정·보완하여 배우기 때문에 교과서를 상대적으로 적게 쓰지요. 저 또한 교과서의 필요한 부분만 낱장으로 인쇄하여 쓰거나 깊은 이해가 필요하면 보조 교재를 만들어 이용해요. 필요에 따라 시중 학습지의 일부를 보조 교재로 활용하기도 하고요.

바른 글씨 쓰기 비법

1학년 1학기 과정에는 바르게 듣는 자세, 바르게 읽는 자세와 더불어 연필을 바르게 잡는 자세에 대해 나와요. 1학년만 배워야 할 습관이라기보다는 초등학교 1학년부터 평생 알아야 하는 습관이지요.

바른 글씨 쓰기가 어려운 아이들은 두 가지 유형으로 나눌 수 있어요. 첫째, 신체 기능의 어려움을 가진 유형입니다. 손(소근육)의 미완성된 발달, 눈과 손의 협응 문제, 부적절한 자세, 시각 및 공간 인지의 어려움 등의 원인으로 인해 발생해요. 소근육이란 정교한 움직임이 필요할 때 사용하는 근육을 말해요. 눈과 손의 협응은 눈으로 본 위치에 맞게 손을 조절하는 것인데, 눈의 시선이 옮겨 갈 때 의도한 위치로 손을 통제할 수 있어야 해요. 신체 기능의 문제로 인해 흐리게 쓰기, 크게 쓰기, 글자 겹쳐 쓰기,

기울어지게 쓰기, 알아보기 힘들게 쓰기 등이 나타나요. 신체 기능의 문제일 경우, 다음과 같이 아이를 지도할 수 있어요.

[바르게 글씨 쓰기 지도 방법]

① 아이의 능력에 맞게 쓸 수 있는 공간을 제공해서 정해진 칸 안에 쓰도록 해요. 빈칸이 큰 6칸 노트나 링으로 넘길 수 있는 인덱스 카드 등이 좋아요.

② 쓰기 활동에 익숙해지면 평소에 쓰는 칸보다 작은 칸의 종이를 제공해요. 이때 노트 형태로 제공하면 글자가 칸을 많이 벗어나기 쉽습니다. 필요한 낱말 칸만큼 종이를 오려서 제공하면 아이가 그 안에 글자를 넣으려고 노력해요.

③ 점보연필, 색연필, 삼각연필 등 다양한 필기구를 사용해요. 필기구마다 형태와 질감에서 차이가 있으므로, 여러 감각 자극을 제공하고 소근육을 발달시켜요.

④ 아이가 쉽게 완성할 수 있는 문제를 제시해요. 일부만 비워 둔 글자를 채우는 형태의 문제가 좋아요.

⑤ 학습지나 부모가 쓴 글을 보며 연필로 따라 쓰기를 해요. 연필로 한 번만 쓰기보다는 점점 진한 2~3개의 사인펜으로 쓴 글자 위에 덧써요.

⑥ 다양한 손 조작 활동을 해요. 다음과 같은 다양한 활동이 가능합니다. 예 : 젓가락질하기, 구슬 꿰기, 가위질하기, 클레이 가지고 놀기, 말랑

한 공 주무르기, 볼트 너트 끼우는 장난감 놀이하기, 블록 끼우기, 키보드 타자하기, 색칠하기, DIY 키트를 이용한 쿠키나 초콜릿 만들기, 스크래치 그리기, 장난감 피아노나 드럼 등 악기 연주하기, 튼튼한 책장 넘기기, 동전을 집어 저금통에 넣기, 신문지나 이면지 찢기, 종이 또는 휴지를 구겨서 휴지통에 던지기, 블록이나 책으로 탑 쌓기, 수저로 콩 옮기기, 스티커 붙이기, 종이접기, 껌이나 초콜릿 등의 포장지 까기, 작은 과자 집고 옮기기, 손가락 모양 따라 하기, 모래 놀이하기, 종이컵 쌓기, 낚시 놀이하기, 퍼즐 놀이하기, 다양한 촉각 자료 만지기, 비즈 끼우기 등

바르게 글씨 쓰기가 어려운 두 번째 형태는 정서적인 문제를 가진 유형입니다. 종종 불안, 긴장, 스트레스 등의 정서적인 이유로 글씨 쓰기를 못할 수 있어요. 예를 들어 이런 아이들은 손에 힘이 있고 조절 능력도 있지만 글씨를 한 획 한 획 정말 천천히 써요. 바르게 글씨를 썼음에도 확신이 없다는 듯이 겨우 쓴 글자를 지웠다가 쓰기를 반복해요. 가만히 두면 수업 시간 내내 몇 글자를 못 쓰죠. 반대로 흥분한 사람처럼 낙서하듯이 글씨를 쓰거나 급하게 쓰는 아이도 있어요.

만약 정서적인 문제라면 컴퓨터 타자하기, 자석 글자 붙이기, 글자 카드 활용하기, 음성 녹음하고 받아쓰기, 일부 글자만 채우기, 물건 대고 그리기, 말로 표현한 뒤에 글쓰기 등 다양한 표현 활동과 병행하여 자기 생각을 나타내도록 해 주세요. 표현의 양이 늘면 마음과 행동도 따라 향상돼

요. 그 밖에 부담을 줄이기 위해 아이가 글씨를 쓸 때 옆에서 뚫어지게 쳐다보지 않기, 글자의 순서나 모양을 지적하지 않기, 학습의 양 줄이기, 글자와 그림 함께 표현하기 등도 함께 이루어져야 해요.

아이에 따라 좌우 반전 글자(거울상 글자, 예를 들어 'ㅇ ㅣ' 대신 'ㅣ ㅇ'라고 쓴다)가 나타날 때가 있어요. 3~7세 아이에게 나타나는 정상적인 쓰기 발달 과정인데요, 다양하게 배우는 아이들은 상대적으로 천천히 발달하는 경향이 있으니 초등학교 3학년까지도 나타날 수 있어요.

다만 시지각의 문제나 좌우 대칭 혼동, 시지각 기억의 어려움으로 반전 글자가 더 오래 생길 수도 있어요. 이럴 때는 어떻게 지도해야 할까요? 하나, 꾸중하거나 글자 고치기를 강하게 강요하면 안 돼요. 아이가 글씨 쓰기에 부담을 느낍니다. 둘, 고치는 건 아이 스스로 하도록 해 주세요. 혹시 고칠 글자가 없는지 물어보고, 만약 없다고 하면 목표 글자를 보여 주세요. 셋, 구체적인 조작 활동으로 글자를 익혀요. 글씨를 쓰고 반전이 생기면 자음, 모음 블록으로 똑같은 글자를 만들어 보고 차이를 찾아요. 넷, 놀이로 글자를 익혀요. 과자로 글자 만들기, 획이 많은 낱말카드가 이기는 카드 따기 놀이, 세상에서 가장 웃긴 글자 만들기 대회 등 다양한 글자 놀이를 즐겨 보세요. 아이가 만든 놀이도 함께해 볼 수 있어요.

바르게 글씨 쓰기는 아이에 따라 세 가지 수준으로 나눌 수 있습니다. 첫 번째 수준은 기초 단계예요. 연필을 바르게 잡고 선을 똑바로 그을 수 있어야 해요. 두 번째는 글자 단계예요. 자음, 모음과 문장을 쓸 수 있어야 해요. 가정에서도 가장 많이 시간을 투자해야 하는 단계이지요. 세 번째 수준은 유창성 단계예요. 정확성을 뛰어넘어 일정 이상의 속도로 비슷한 모양의 글자를 쓸 수 있어야 합니다. 보통 두 번째 수준까지는 아이들이 잘 따라오지만, 고학년으로 갈수록 수업에 속도가 붙고, 필기할 내용이 늘어나면서 글씨체가 망가지곤 해요. 혹시 내 아이가 난필(악필)이라면 빠른 교정이 필요해요.

[나의 글씨는 난필일까요?]

① 나의 글씨를 다른 사람이 쉽게 읽을 수 있나요?

② 글씨를 쓸 때 모양이 일정하나요?

③ 자음과 모음이 분명하게 구분되나요?

④ 나의 글씨를 나중에 볼 때 알아볼 수 있나요?

⑤ 글자가 일정하게 일렬로 배열되나요?

⑥ 글씨를 쓸 때 힘 조절에 어려움이 있나요?

⑦ 글씨를 너무 급하게 쓰나요?

⑧ 글씨를 쓴 뒤에 손이나 팔이 몹시 아픈가요?

⑨ 글씨 쓰기에 스트레스를 받나요?

⑩ 글씨를 쓸 때 집중하기가 힘든 편인가요?

위 질문에 1~3개에 '예'라고 대답했다면 약한 수준의 난필이고, 4~7개에 '예'라고 대답했다면 부모의 도움이 필요한 난필이에요. 8~10개에 '예'라고 대답할 경우에는 전문적인 교정이 필요해요.

PLAY BOX

바른 글씨를 쓰기 위한 습관 놀이

놀이

선 잇기 놀이

두 점을 잇는 활동으로 점을 이어서

가장 많은 선을 만든 사람이 승리하는 놀이예요.

도안

● 준비물: A4 크기의 빈 종이 혹은 점 잇기 활동지, 사인펜

● 놀이 방법

① 참가자는 색이 다른 사인펜을 한 개씩 나누어 가져요.

② 점 잇기 활동지를 준비했다면 순서를 정한 뒤에 한 명씩 두 점을 잇

는 선을 그려요. 만약 빈 종이를 준비했다면, 자유롭게 점을 여기저

기 찍어서 활동지를 만들 수 있어요. 점 잇기를 할 때는 주의할 점이

두 가지 있어요. 첫째, 다른 사람이 먼저 연결한 점은 못 씁니다. 둘

째, 선을 뚫고 두 점을 연결하면 안 됩니다.

③ 더 이상 선을 연결할 수 없을 때 놀이는 끝나요. 이제 각자 자기 선이

몇 개인지 셉니다. 가장 많은 선을 가진 사람이 승리해요.

- 활용 팁: 활동지를 코팅하거나 투명 파일에 활동지를 넣으면 보드 마카로 쓰고 다시 지울 수 있어요. 사인펜 대신 색이 다른 아이클레이를 한 덩이 주고 얇은 선으로 만들어 붙이는 활동도 가능해요. 이때 가지고 있는 양을 다 쓰면 더 주지 않는 제한 조건을 두세요. 그러면 최대한 얇게 선을 만들기 위해 손 조작 활동이 활발해집니다.

2장

건강을 지키는
첫걸음:
위생과 안전 습관
마스터하기

화장실 이용도 배워야 잘 쓴다

교사가 가장 난감해하는 일 중 하나가 다양하게 배우는 아이의 대·소변 실수입니다. 많은 실수가 저학년에서 벌어지지만, 훈련이 되지 않으면 중·고학년 때도 이런 실수가 일어날 수 있어요. 그때는 문제가 커져요. 저학년은 누구나 겪는 일이고 아이들에게 설명하면 이해하고 넘어가지만, 고학년에서는 실수가 따돌림이나 거부로 이어질 수 있거든요. 따라서 가정과 학교의 연계된 훈련이 필요합니다.

이때 단순히 아이가 대·소변을 가릴 수 있다는 정도가 아니라 올바른 화장실 생활까지 할 수 있도록 가정에서 지도해야 해요. 대·소변을 스스로 본다는 것은 여러 가지 의미를 내포합니다. 대·소변 의사 표현하기, 화장실 찾기, 옷을 스스로 입고 벗기, 대·소변 참기, 바르게 화장실 이용하기,

휴지 바르게 접기, 손 씻기 등이 포함돼요.

아이가 화장실을 거부하는 이유

스스로 대·소변을 한다는 것은 신체적인 발달뿐만 아니라 정신적인 발달에도 큰 영향을 끼쳐요. 올바른 대·소변은 자기 몸에 관한 이해를 높이고 자신감과 독립성을 키워 주지요. 따라서 부모는 아이의 대·소변 훈련에 충분한 이해와 인내심을 갖고 접근해야 해요. 만약 아이가 화장실 자체를 거부한다면 어떤 이유 때문일까요? 아이마다 다양한 이유가 있겠지만 대표적인 원인을 살펴보겠습니다.

첫째, 화장실이 익숙하지 않은 탓입니다. 화장실은 짧게 머무르는 공간이기 때문에 낯설게 느낄 수 있어요. 이럴 때는 화장실에서 물놀이나 거울 놀이를 하면서 낯설고 두려운 마음을 없애도록 해요. 물론 부모의 시선은 아이에게 향해야 하고 함께 노는 시간이어야 해요. 둘째, 감각에 예민한 아이들은 양변기 시트의 차가운 느낌을 싫어합니다. 보조 시트 또는 비데를 설치하거나 변기 커버를 통해 차가운 느낌이 덜 들도록 해요. 셋째, 어떤 아이는 대·소변을 참을 때 생기는 쾌감을 즐깁니다. 특히 대변을 배에 소유하려는 듯이 행동해요. 갑자기 숨어서 자신만의 시간을 가질 때가 마려운 시간이에요. 대변을 참을 때 특유의 표정이나 몸짓을 보이므로 그때마다 변기에 앉히면 좋아요. 넷째, 대·소변 실수에 대해 수치심을 느끼거나 혼난 일을 기억해서 화장실을 거부합니다. 예민한 상황이라서 부모의 표정, 행동, 언어를 깊게 기억할 수 있으니, 부드러운 눈빛과 행동으로 격려해 주세요. 다섯째, 대변을 볼 때 아팠던 기억이 있다면 화장실은 무서운 곳이 됩니다. 이때는 변을 부드럽게 하는 과일(사과, 프룬 주스 등), 채소(양배추, 단호박, 브로콜리, 오이 등), 유산균 등을 자주 먹이면 좋아요.

대·소변 훈련 1단계 : 언제 화장실을 갈까?

대·소변 훈련은 3단계로 나눌 수 있어요. 1단계는 인지 단계입니다. 언제 화장실에 가야 하는지 신호를 알고 표현한 뒤에 화장실을 이용하는 것을 목표로 해요. 아이가 실수했을 때는 수치심에서 벗어날 수 있도록 마음을 달래 줍니다. 특히 부모의 경험담은 자녀에게 좋은 공감대를 형성한답니다.

부모: 바지가 축축해졌네? 기분이 어때?
아이: 몰라요.
부모: 괜찮아. 누구나 실수를 하면서 배워. 아빠는 어렸을 때 버스 정류장에서도 실수했는걸?

다음으로 문제해결을 위한 대화를 나눕니다.

부모: 민지는 왜 바지에 실수했을까?

아이: 더 놀고 싶어서 참았어요.

부모: 참아서 그랬구나. 앞으로 어떻게 하면 좋을까?

아이: 놀기 전에 화장실에 다녀올래요.

부모: 좋아. 민지의 방법은 놀기 전에 화장실 다녀오기. 아빠의 방법은
　　　노는 중간에 한 번씩 화장실에 갈 건지 물어보는 걸로 할래. 어때?

아이: 좋아요.

만약 아이가 대소변 실수를 하지 않았다면, 실수했을 때의 경험을 떠올리며 이야기를 나누는 것도 1단계에서 할 수 있어요. 아이가 목욕할 때 속옷을 입은 상태에서 일부러 물을 뿌리고 놀다가 편하게 이야기를 나누어요. 만약에 아이가 소변은 잘 가리는데 대변 실수가 잦다면 변실금일 수도 있으니 대장항문외과를 찾아가 보는 것을 추천해요. 그 외에 1단계에서는 기초적인 훈련을 합니다.

1. 정기적으로 대·소변을 보는 시간을 기록합니다

보통 아침 기상 후 화장실을 찾게 됩니다. 일어나서 미지근한 물을 제공하면 대·소변 활동에 도움이 돼요. 그때 유산균도 함께 주면 좋아요. 물을 마신 뒤 2~3시간 간격으로 소변을 유도해요. 혹시 기저귀를 쓴다면 팬티를 입은 상태에서 기저귀를 채워요. 팬티가 젖는 과정에서 아이가 소변을 확실히 느낄 수 있습니다. 소변을 눴다면 다음 시간을 예측하여 예정된

시간에 화장실 훈련을 해요.

2. 예상 시간이 가까이 올수록 변기에 앉는 시간을 늘립니다

빈번하게 변기에 앉되 오래 앉는 것은 좋지 않아요. 아이가 변기에 5분 이상 앉는 것은 건강에 좋지 않으니, 그보다 짧은 시간 동안만 앉도록 해요. 대변의 경우 허리를 약간 숙이고 까치발을 하거나 발판에 발을 올리는 자세가 전문의들이 추천하는 자세예요.

3. 의사 표현을 하도록 유도합니다

누고 싶을 때 문장으로 말하기, "똥!"과 같이 짧게 말하기, 말이 힘들다면 엉덩이 가리키기, 화장실 그림 카드 가져오기, 손들기나 화장실 가리키기, 손목밴드에서 화장실 모양 가리키기 등 아이의 수준에 맞는 의사 표현을 배워야 해요. 부모는 아이가 스스로 할 수 있도록 시범을 꾸준히 보여 주어야 합니다. 의사 표현을 하면 대·소변 실수를 해도 격려와 칭찬을 해 주세요.

4. 쉬운 것부터 합니다

보통 아이들은 소변보다 대변을 잘 가립니다. 대변 훈련 때는 화장지 접는 방법, 닦는 방법, 씻는 방법, 물 내리는 방법, 비데 있는 대변기 이용 방법 등을 알려 주어야 해요. 밤중 대변 가리기, 낮 대변 가리기, 낮 소변 가리기, 밤중 소변 가리기 순서로 훈련하세요.

대·소변 가리기는 심리적인 문제와도 연결되어 있어서 유의해야 해요. 하나, 대·소변 훈련을 심하게 거부할 때는 몇 주 정도 훈련을 멈춥니다. 스트레스를 받으면 오히려 강박이나 불안 증세까지 보일 수 있어요. 둘, 규칙적인 습관을 위해 매일 정한 시간에 대·소변을 보는 건 좋지만 '강요'하면 안 됩니다. 아이에게 부드럽게 권유해야 해요. 셋, 성공 여부와 상관없이 도전에 격려와 보상을 줍니다. 아이가 시도할 때마다 칭찬 스티커를 붙이거나 즉시 가장 좋아하는 활동을 할 기회를 제공해 주세요.

> 부모: 예전에는 커튼에 숨어서 똥을 눴는데 지금은 화장실 가겠다고 말하네. → 성장에 관한 격려
> 부모: 아직 똥이 세상에 나오는 게 부끄럽나 보다. 그래도 잘 앉아 있네. 잘했어요. → 과정에 관한 격려

대·소변 훈련 2단계 : 화장실을 바르게 이용해요

대·소변 훈련의 2단계는 유지 단계입니다. 스스로 신호를 느끼고 화장실을 바르게 이용해요. 이제 실수가 점차 줄어들어요. 2단계에서는 행위에 따른 자연스러운 결과를 경험하도록 해 줍니다.

> 부모: 너 실수했으니까 안 놀 거야! → 자연스러운 결과의 잘못된 예

부모: 어떡하지? 재미있는 놀이를 하려고 했는데 아쉽다. 일단 씻고 이따가 하자. → 자연스러운 결과의 올바른 예

이 단계에서는 정교한 훈련과 위생을 위한 행동도 배웁니다. 먼저 화장실 이용 훈련이 필요해요. 아이가 화장실을 사용할 때 바지를 벗는 방법, 물을 내리는 방법, 화장실에서 손을 씻는 방법, 학교 화장실 문을 잠그고 여는 방법 등을 알아야 해요. 특히 대변을 보고 레버를 끝까지 당기지 않아서 똥이 그대로 있는 일이 있어요. 초등학교 1~2학년 남학생은 무릎 아래까지 바지를 내리고 엉덩이를 노출한 채 소변을 보는 경우가 자주 있고요. 습관이 되면 고학년이 되어서도 고치기 힘드니, 다음과 같이 교정을 시켜 주세요.

첫째, 소변이 급하지 않을 때 화장실에 가도록 이끌어 주세요. 급하게 화장실에 가면 습관대로 바지를 내리기 때문이에요. 둘째, 할 수 있는 단계를 나누어 아이가 한 단계씩 성공할 수 있도록 지도해요. 무릎, 허벅지, 엉덩이 밑, 엉덩이 반 정도 순으로 점차 바지를 덜 내리도록 훈련해요. 꼭 소변을 눌 때만 훈련하기보다는 평소에 바지 내리는 연습을 반복합니다. 셋째, 바지는 조금 헐렁한 고무줄 바지를 입어요. 소변 실수가 없던 아이가 꽉 끼는 바지를 내리다가 실수한 예가 종종 있어요. 넷째, 친구의 시선이 의식되면 차라리 대변기에서 문을 닫고 소변을 보도록 안내해요.

여학생도 훈련이 필요해요. 문 바르게 잠그고 열기, 변기 커버 내리기, 양변기에 바르게 앉기, 필요한 만큼 화장지 뜯기, 휴지 바르게 버리기, 물

내리기, 옷을 입고 밖으로 나오기 등 작게 나눈 기술들을 모두 배워야 해요. 실제로 여학생이 화장실을 나오면서 옷을 입는 바람에 복도에 있던 아이들이 당황했던 일이 있었어요. 아이가 화장실 문을 못 열어서 난감한 상황도 있었지요. 위 훈련은 교사와 학부모가 함께 해야 해요. 다만 교사와 학생의 성별이 다르면 지원에 한계가 있으니 가정에서의 꾸준한 교육이 필요합니다.

다음으로 화장실 규칙을 배워야 해요. 하나, 화장실 바닥은 물 때문에 미끄러울 수 있으니 절대 뛰지 않도록 합니다. 둘, 변기까지 가면서 바지를 벗거나 바지를 입으면서 화장실에 나오지 않습니다. 셋, 다른 사람이 소변볼 때 쳐다보지 않습니다. 계속 보는 아이가 불쾌하다며 싸움이 난 적이 있어요. 넷, 대변기를 이용할 때는 예의 있게 노크합니다. 주먹으로 세게 두들기다가 싸움이 나요. 다섯, 소변을 보는 사람에게 말을 걸지 않습니다. 여섯, 화장실에서 선생님을 만나면 목례합니다. 일곱, 화장실에서 한 줄 서기를 할 때는 차례를 기다립니다. 만약 소변기마다 줄을 선다면 한 걸음 뒤에 서요. 아이가 바짝 뒤에 서는 바람에 싸움이 난 일이 있어요. 여덟, 화장실에 들어갈 때와 나올 때 손을 씻습니다. 씻지 않은 손으로 친구 얼굴을 만졌다가 문제가 된 일이 있어요. 아홉, 반드시 물을 내립니다.

대·소변 훈련 3단계 : 혼자서도 잘할 수 있어요

마지막으로 대·소변 훈련의 3단계는 독립 단계입니다. 이 단계에서는 외부 상황과 나의 상태를 실시간으로 파악해요. 어른들도 가끔 난감한 상황에 놓이는 이유가 외부 상황과 나의 상태를 미처 판단하지 못했기 때문이에요. 아이가 스스로 질문을 하거나 체크리스트를 만들어서 판단할 수 있도록 해 주세요.

[현재 장소에서 해야 할 질문]
① 지금 배 상태는 어떻나요?
② 현재 화장실 위치를 알고 있나요?
③ 화장실에 비밀번호가 있나요?

[이동하기 전에 해야 할 질문]
① 버스, 지하철 등 화장실이 없는 곳으로 가나요?
② 가려는 장소가 먼가요?
③ 다음 화장실까지 참을 수 있나요?

아이가 화장실을 쉽게 찾을 수 있도록 부모는 개방화장실을 알려 주어야 해요. 시청, 행정복지센터, 경찰서, 소방서, 도서관 등 모든 공공기관의 화장실을 이용할 수 있어요. 평소에 화장실이 있는 프랜차이즈를 아이와 함께 알아 둔 다음에 우리 동네 화장실 지도를 만들어 보는 것도 좋은 교육이 돼요. 정말 급한 상황에는 카페, 식당 등 아무 곳이라도 들어간 뒤에

"죄송합니다. 화장실이 급해요. 화장실이 어디 있어요?"라고 묻는 사회적 기술도 알려 주세요. 도움을 청할 생각을 못 하고 화장실만 찾다가 실수하는 아이들이 많아요.

반창고쌤의 교단 일기

한 학부모가 흥분한 목소리로 전화했다. 미란이가 횡단보도를 건너자마자 바지를 내리고 길거리에서 소변을 눴다며 속상해했다. 아이는 여학생이었다. 학부모는 같은 학교의 학생들이 모두 봤다며 전학을 가겠다고 소리를 질렀다. 그리고 그 불똥은 내게 떨어졌다.

"왜 화장실을 안 보내는 거예요?"

미란이는 스스로 화장실을 가고 싶을 때 표현하는 아이였다. 4교시를 마치고 아이가 화장실을 가지 않는다고 해서 급식실로 바로 이동했는데 하필 밥을 먹으면서 물을 많이 마셨던 게 화근이었나 보다. 식사 후 화장실을 들리지 않고 바로 친구와 하교하면서 문제가 터졌다. 평소라면 화장실을 가겠다고 말했을 아이가 그때는 아무런 말도 하지 않았던 것이다. 집이 학교 앞이었지만 문제는 찰나의 순간에도 일어난다.

다음 날 재발 방지를 위해 통합학급교사, 학부모와 함께 대책을 협의했다. 다행히 미란이는 전학 가지 않았고 학부모는 지금의 학교에 만족하고 있다.

Q. 만약에 학교에서 대·소변 실수를 했다면 교사는 어떻게 처리해 좋까요?

A. 작은 실수라면 교사가 도와줄 수 있지만, 성별이라는 변수가 있어요. 먼저 남교사가 여학생을 돕기는 어렵습니다. 남교사가 있는 학급에서는 동성의 특수교육실무사가 여학생을 지원해요. 만약 특수교육실무사조차 없는 학습도움반이라면 학부모의 지원이 필요해요. 반대로 여교사가 남학생을 지원하는 일은 사회 통념상 허용적이지만, 고학년 학생이라면 쉽지 않은 부분이에요. 아이가 스스로 옷을 갈아입을 수 있다면 학교에서 갈아입힐 수 있어요. 다만 묽은 대변은 씻어야 해서 성별에 상관없이 부모의 도움이 많이 필요합니다. 부모가 학교에 방문하여 도와주거나 아이와 함께 집에 다녀오는 방법이 있어요.

작은 습관이 만드는 큰 차이, 손 씻기

아이들은 누구나 자주 아파요. 다양하게 배우는 아이 중에도 유행병이 돌거나 환절기만 되면 늘 아픈 아이들이 있습니다. 제 경험상 이 아이들은 면역력이 약하거나 편식이 심했고, 손을 잘 씻지 않거나 손이 얼굴로 가는 행동이 잦았어요. 아이가 손 씻기만 잘해도 감기나 독감과 같은 호흡기 질환을 20% 줄일 수 있고, 장염도 30~48% 정도 줄일 수 있다고 합니다. 아이의 건강한 생활을 위해서라도 손 씻기는 필수라고 할 수 있어요.

강박적으로 손 씻는 아이

손 씻기와 관련하여 아이들은 세 그룹으로 나눌 수 있어요. 첫 번째는 지나치게 자주 손을 씻는 그룹입니다. 이 그룹의 아이는 활동할 때 손이 조금만 더러워져도 견디지 못하고 세면대로 향해요. 맨눈으로 잘 보이지 않아도 펜이 묻었다며 씻는 아이도 있었어요. 너무 자주 씻어서 손이 갈라지고 짓무르기도 하죠. 같은 행동이 반복된다면 '강박행동'일지도 모릅니다.

강박행동이란 불안을 줄이기 위해 어떤 행동을 반복하는 것을 말해요. 강박행동은 겉으로 보이는 '외현적 행동'과 겉으로 보이지 않는 '내현적 행동'으로 나눌 수 있어요. 외현적 행동은 순서 지키기, 늘 같은 루틴 지키기, 자주 청소하기, 빈번히 씻기, 완벽하게 정돈하기, 무리하게 시간 지키기, 같은 옷만 입기, 정확하게 계산하기, 숫자에 집착하기, 끊임없이 점검하기(예: 자꾸 문 잠갔는지 확인하기) 등이 있어요. 내현적 행동에는 자주 욕하기, 일정 단어 반복하기, 자꾸 숫자 세기, 부정적인 말 계속 중얼거리기, 완벽함에 집착하기, 의심하기, 과거의 일 계속 떠올리기, 안전이나 건강에 지나치게 매달리기 등이 있어요.

강박장애 진단 기준 »

강박이 생기면 불안을 막기 위해 반복적인 행동이 일어나고 그로 인해 일상생활이 방해받아요. 조기에 행동 치료, 약물 치료 등으로 전문가의 도움을 받아야 해요. 그렇다면 가정에서는 손 씻기 강박행동에 관해 어떤 교육을 하면 좋을까요?

첫째, 아이를 이해해야 합니다. 부모가 강박에 관한 정보를 습득하고 아이의 감정을 공감해야 해요. 아이가 가진 비합리적인 신념(예: 손에 펜이 묻으면 절대 안 지워질 거야)이 무엇인지 살펴보고 합리적인 생각으로 전환할 수 있도록 도와주세요. 무엇보다 전문가와의 협력이 필수예요. 관련 정보는 학교에도 공유해야 합니다. 강박은 쉽게 사라지지 않으므로 장기적인 목표를 가지고 교육 구성원들과 함께해야 해요.

둘째, 손 씻기 스케줄을 아이와 짭니다. 예를 들어 손을 씻어야 하는 식사 전 상황, 화장실을 사용하기 전과 후의 상황을 설정해요. 그 외의 시간에는 매력적인 활동을 마련하여 손 씻기 생각이 들지 않도록 해요. 손이 더러워질 수 있는 활동을 할 때는 손 씻는 횟수를 정하거나 손 씻기 쿠폰을 주어서 정말 참기 힘들 때 한 번씩 쓰도록 해 주세요.

셋째, 대안적인 방법을 활용합니다. 손 씻기를 대신해서 깨끗해질 수 있는 손소독제나 물티슈를 사용해요. 손소독제는 손 소독과 보습을 해 주는 제품을 쓰거나 진짜 소독제가 아닌 로션을 소독제인 것처럼 제공하는 방법도 있어요. 손이 더러워지는 것을 막기 위해 미리 장갑을 사용하는 방법도 좋아요.

손 씻기를 배워야 하는 아이

다음으로 손 씻기를 거부하는 두 번째 그룹의 아이들이 있습니다. 물에 관한 공포, 비누의 미끈거리는 촉감 거부, 예민한 감각으로 인한 불쾌감, 지시에 대한 거부감, 귀찮음 등 다양한 이유에서 씻기를 싫어해요. 아이마다 상황이 달라서 교사와 함께 원인과 중재 방안을 찾아야 해요. 이때 손 씻기에 더 큰 혐오가 생기지 않도록 강요하거나 감정적으로 대하면 안돼요. 편안한 환경은 아이를 긍정적으로 만드니까요.

세 번째 그룹은 손 씻기를 배워야 하는 아이들입니다. 이때는 세 가지 수준으로 나누어 지도합니다. 1단계는 기초적인 손 씻기를 배우는 단계입니다.

[기초적인 손 씻기 방법]

① 손 씻기의 중요성을 알려야 합니다. 손에는 더러운 세균이 묻을 수 있어서 깨끗하게 손을 씻어야 한다고 지도해요. 저는 눈에 보이지 않는 '세균벌레'가 있다고 말해요. 아이들이 벌레를 친숙하게 여기기 때문이에요.

② 단계별로 손 씻기 방법을 가르칩니다. 좋은 영상 콘텐츠가 많지만 진짜 씻어야 하는 때에 직접 시범을 보이고 함께 연습하는 것이 제일 좋아요. 15~30초를 씻어야 하므로 짧은 동요를 부르며 씻는 것을 추천해요.

③ 손 씻기를 돕는 도구를 이용합니다. 쉽게 짤 수 있는 물비누가 편해요. 고체비누는 망에 넣어 주면 거품이 빨리 나요. 아이 전용 수건은 눈높이에 맞게 달아 주세요. 세면대 수도꼭지는 연장 탭을 설치하면 아이의 손이 닿기 편해요.

④ 손 씻기 단계를 작게 나눕니다. 처음부터 끝까지 모든 순서를 스스로 하라고 하면 아이는 어려워해요. 하나의 활동을 작은 단계로 쪼개면 한결 수월해집니다. 물 틀기, 물로만 씻기, 물비누 짜기, 손에 거품 내기, 손바닥 비비기, 손톱 비비기 등 아이 수준에 맞게 작은 단계를 하나씩 추가하여 성공 경험을 느끼도록 해 주세요.

기초적인 손 씻기 방법을 배웠다면, 손 씻기에 유창하게 참여하는 2단계를 실시합니다. 손 씻는 단계를 알고 스스로 할 수 있지만, 때때로 부모의 조언이 필요해요. 2단계에서는 '상황과 행동 연결 짓기', '자기 점검하기'를 활용해요. 상황(시간, 장소, 사건)과 행동을 연결하는 작업을 하면 습관이 빨리 형성됩니다. 예를 들어 행동은 손 씻기이고 시간은 집에 들어올 때이며 장소는 현관이에요. 아이가 집에 들어오면 반갑게 맞이해요. 현관에서 신발을 벗고 들어오면 바로 방이나 거실로 가는 게 아니라 그곳에 서서 질문을 합니다.

[손 씻기에 대한 힌트 제공하기]

① 간접적인 힌트: "학교 갔다 오면 무엇을 해야 할까?"

② 직접적인 힌트: "어디 보자. 아빠 눈에는 손에 세균벌레가 보이는데 어떻게 하지?"

③ 장소 힌트: "화장실에서 무엇을 해야 할까?"

④ 몸짓 힌트: 화장실을 가리키거나 손 씻는 시늉하기

⑤ 이미지 힌트: 화장실 카드의 일부 또는 전체 보여 주기

⑥ 제삼자 치환 힌트: "재미있게 놀다 온 이도준 어린이! 글쎄, 손에 세균벌레가 득실득실해요. 어떻게 하면 우리가 도와줄 수 있을까요?"

3단계는 손 씻기를 생활화하는 단계입니다. 부모의 간섭없이도 아이가 상황에 맞게 손 씻기를 하도록 해요. 첫째, 다양한 상황에서 손 씻기를 실천합니다. 부모는 식사하기, 화장실 이용하기, 놀이터에서 놀기 등 상황에 맞게 자기 점검을 할 수 있도록 도와주세요(예: "식사를 하기 전에 무엇을 해야 할까?"). 둘째, 다양한 형태의 비누(예: 종이비누, 물비누, 손 대면 자동으로 나오는 비누, 누르는 비누, 짜는 비누 등)를 다룰 수 있는 경험을 줍니다. 셋째, 스스로 손 씻는 습관을 형성합니다. 습관이 정착되려면 최소 21일, 최대 66일이 걸린다고 해요. 가정에서의 위생습관이 학교와 같은 사회에서도 잘 이루어질 수 있도록 교사와 협력하여 일반화에 초점을 두어요. 넷째, 중요한 위생 행동도 배웁니다. 더러운 손으로 눈을 비비지 않도록 해요. 너무 간지러우면 손목에 잠깐 비비도록 하고, 재채기나 기침할 때는 손바닥이 아니라 팔 윗부분에 대고 해요. 입에 무엇이 묻었을 때는 소매가 아니라 휴지로 닦도록 합니다.

PLAY BOX

손 씻기를 위한 습관 놀이 1.

도안

손 씻기 미술 활동

빛의 굴절 현상을 이용하여 손바닥에 있는
세균벌레를 사라지게 하는 활동입니다.

- 준비물: 지퍼백, 손 씻기 활동지, 필기구
- 놀이 방법

① 손 씻기 활동지를 준비한 다음, 다양한 필기구를 이용해서 세균과
손바닥을 예쁘게 꾸며요.

② 지퍼백에 활동지를 넣고 닫아요.

③ 욕조 또는 세수대야 등에 물을 가득 담아요.

④ 지퍼백에 든 활동지에 물을 끼얹고 비누칠하는 시늉을 한 뒤에, 물
속에 넣어요. 그러면 빛의 굴절에 의해 색이 지워지는 효과가 납니
다. 손 씻기와 세균의 상호작용을 직관적으로 보여 줄 수 있어요.

173

- 활용 팁: 넣는 각도에 따라 사라지는 정도가 달라요. 아이에게 세균이 사라지는 마술을 보여 주겠다고 해도 좋고, 가족의 다른 구성원에게 보여 주는 마술사의 역할을 부여해도 좋아요.

손 씻기를 위한 습관 놀이 2.

도안

손 씻기 윷놀이

윷놀이와 동일한 방식으로 손 씻기 방법을 배우는 놀이입니다.

- 준비물: 손 씻기 윷놀이판 활동지, 윷, 게임 말
- 놀이 방법

① 윷과 손 씻기 윷놀이판을 준비해요.

② 윷놀이 규칙에 따라 진행되며 윷 대신 주사위를 던져서 게임 말을 이동시킬 수도 있어요. 윷판에는 손 씻기 동작이 그려져 있어요. 말을 옮긴 뒤에 해당 동작을 해야 해요.

③ 자신의 모든 말이 도착점에 오면 승리합니다.

● 활용 팁: 주사위로 할 때는 1이 나오면 한 번 더 주사위를 던져요. 뱀사다리 보드게임처럼 화살표 방향으로 이동하는 규칙도 추가할 수 있어요.

건강한 성교육, 어떻게 시킬까

부모가 어려워하는 교육 중 하나가 성교육입니다. 열심히 성교육 책을 읽어도 막상 아이가 성기를 자꾸 만지면 나도 모르게 "안 돼!"라고 말하게 되지요. 하지만 "하지 마! 고추 떨어져.", "더러워!"와 같은 반응은 아이에게 성적 수치심을 주고 성기는 나쁜 것이라고 여기게 만듭니다. 더 나아가 몰래 만지는 나도 더러운 존재라고 인식하게 돼요. 그러면 자존감이 낮은 아이로 성장할 수 있어요. 어린아이들에게 자위행위는 불안을 낮추는 하나의 방법일 뿐이에요. 손가락을 빠는 행위와 유사한 기능을 지녀요. 부모가 걱정하는 성적 문제는 청소년기(만 9세 이상)부터 발생합니다.

이석원 저자의 『세상 쉬운 우리 아이 성교육』을 보면 성교육을 위한 중요한 두 가지 태도가 나와요. "첫째, 자녀를 성적인 존재로 인정하라. 부모가 자녀에게 성교육할 때 불편하거나 부정적으로 느끼는 이유 중 하나는 자녀를 성적인 존재로 인정하지 않기 때문이다." 실제 태아도 초음파를 보면 자기 음경을 손으로 잡고 입에 넣기도 해요. 인간은 태어나서부터 성이 자연스러운 존재이지요. "둘째, 부모가 일상생활에서 모범을 보여라. 자녀에게 집에서 함부로 벗고 다니지 말라고 하면서, 부모는 씻고 나와 벗은 상태로 돌아다닌다면 문제가 있다." 4세까지는 부모랑 씻어도 되지만 그 뒤로는 부모가 갖추어 입고 씻겨야 해요. 점차 동성의 부모가 씻는 일을 담당해야 합니다. 7~8세가 되면 스스로 씻는 습관을 들여야 하고요. 만약 아이 혼자서 씻기 힘들다면 민감한 부위만큼은 아이가 닦도록 하고, 점차 범위를 늘려 가요.

성교육, 정말 제대로 하고 있을까?

일반적으로 다양하게 배우는 아이의 성적인 발달 정도나 과정은 다른 또래들과 차이가 거의 없어요. 하지만 발달속도가 약간 늦을 순 있어요. 다양하게 배우는 아이는 대인관계 기술이나 사회 경험이 부족하기 때문에, 올바른 성 표현이나 성 역할을 가지는 데 어려움이 있어요. 도덕적인 판단이 어려워서 잘못된 성적 행동을 하기도 하고, 빠르게 익힌 성적 쾌감이나 표현을 계속 즐기고 싶어 하기도 해요. 예를 들어 아무 때나 바지 안으로 손이 들어가서 또래 친구나 어른을 당황하게 만들지요. 사실 학교에서 아이의 자위행위를 종종 보곤 해요. 성과 관련된 이슈는 굉장히 민감해서 학교와 가정교육이 어느 때보다 절실하고 중요해요. 성교육은 기초 단계, 관계 단계, 심화 단계 총 3단계로 나눌 수 있습니다.

1. 건강한 성교육 1단계: 이해하고 존중해요

1단계는 기초 수준으로 자기 신체를 이해하고 존중하는 단계입니다. 대표적으로 세 가지를 배워야 해요. 첫째, 위험을 표현해야 합니다. 누군가 강제로 나를 만지려고 하면 '안 돼, 하지 마, 도와주세요'의 세 가지 말을 큰 소리로 외치도록 해요. 둘째, 청결한 생활을 해야 합니다. 깨끗한 몸을 유지하는 것 또한 성교육 영역에 들어가요. 청결의 주도권을 점차 아이에게 넘겨야 해요. 셋째, 기초적인 성 지식을 배웁니다. 그림책이나 영상을 통해 올바른 성 개념과 어휘를 익혀요. 그림책은 쉬운 용어와 예시가 있어서 학부모가 이용하기 편해요. 넷째, 아이가 노출하지 않도록 주의합니다. 더울 때, 몸을 긁을 때, 옷으로 닦을 때, 불편한 속옷을 정리할 때 등 여러 상황에서 아이는 심한 노출을 아무렇지 않게 하곤 하지요. 학교와 가정은 아이에게 노출하지 않고 해결할 수 있는 대체 행동을 가르치거나 노출하지 않도록 연습해요. 남이 보지 않는 곳으로 가서 사적 행동을 하는 것도 중요해요.

2. 건강한 성교육 2단계: 배려와 거리 알기

2단계는 관계 수준으로 사회적 상호작용과 경계를 설정하는 단계입니다. 세 가지를 중점적으로 가르쳐요. 첫째, 바르게 말하는 습관을 배웁니다. 성차별 언어, 성적 비하 발언, 성과 관련된 욕을 하는 아이들이 있어요. 안타깝게도 다양하게 배우는 아이들은 욕을 잘 배워요. 욕이라서 일부러 배운다기보다는 강한 억양이 들어가서 기억하기 쉽고 입에 잘 붙기 때문이에요. 내가 욕했을 때 평소보다 주변 사람의 반응이 크다 보니 관심받는다고 느끼기도 하지요. 이때는 욕을 하는 상황이나 원인을 파악해요. 욕에 큰 반응을 보이지 않고 "어떻게 말해야 할까?"라고 스스로 올바른 행동을 찾도록 해 주세요. 욕 대신 쓸 수 있는 긍정적인 말을 함께 찾도록 합니다.

둘째, 경계를 지켜야 합니다. 신체의 경계를 명확히 알려 주세요. 자신의 중요한 부위를 노출하지 않고, 남이 만지도록 허용하지 않아요. 성교육에서는 '몸의 안전삼각지대'라는 말이 있어요. 두 팔을 머리 위로 들어 삼각형을 만든 뒤에 아래로 내려요. 그러면 앞에는 가슴, 배꼽, 성기, 뒤에는 엉덩이가 안전삼각지대에 들어가요. 이 부분은 다른 사람이 함부로 만져서는 안 되고 자신 역시 남들 앞에서 만져서는 안 된다고 교육해야 해요.

셋째, 동의에 관한 소통을 배워야 합니다. 나의 것과 남의 것을 구분하는 행동부터 시작해서 신체까지 확장해요. 안전삼각지대를 넘는 나머지 신체는 허락해야 만질 수 있다고 알려 주세요. 아이의 손을 잡을 때도 "손 잡아도 돼?"라고 허락을 구하면 아이도 자연스럽게 배워요. 허락 없이 만지려고 하면 "안 돼!", "싫어!"라고 말하도록 지도합니다. 가능하다면 인형으로 역할극을 하는 것도 추천해요.

3. 건강한 성교육 3단계: 깊이 있는 성교육

3단계는 심화 수준으로 성과 건강에 관한 교육을 중심으로 지도합니다. 세 가지에 중점을 두세요. 첫째, 깊이 있는 성과 건강에 관한 지식을 익힙니다. 13세 이상이라면 성병, 피임, 건강한 성생활과 자위에 관한 지식을 배워야 해요. 요즘은 부모들이 아이들을 모아두고 성교육 강사를 초빙해서 강의를 듣기도 해요. 부모가 직접 교육하기 어렵다면 아이가 할 수 있는 것과 할 수 없는 것에 관한 경계만이라도 분명하게 알려 주세요.

둘째, 건강한 관계를 유지하기 위한 분명한 태도를 배웁니다. 스킨십의 강도에 따른 동의와 책임을 인식하고 한계를 배워야 해요. 부부 사이나 부모와 자식이 스킨십을 할 때도 동의를 구해요. 아이가 피해를 볼 때는 참지 않고 상대나 부모에게 말할 수 있도록 자녀와 소통하는 관계가 되어야 해요.

셋째, 성에 관한 자기 결정권을 배웁니다. 성의 정체성, 성적 욕구, 성적 취향 등이 다를 수 있음을 알고 자녀를 존중해 주세요. 부모는 아이의 방과 같이 사적인 공간을 지정해 주고 욕구를 자연스럽게 표현할 수 있도록 해요. 욕구를 표현할 수 있는 공간과 아닌 공간을 구분해 주는 건 중요한 가이드라인이 됩니다.

사례로 보는 성교육
• • • • • • • • • • • • • • • •

진혁이는 친구에게 바지를 내리고 엉덩이를 보여 주는 행동을 자주 합니다. 어떻게 지도하면 될까요?

내 몸은 소중해서 남에게 함부로 보여 주면 안 된다는 말도 중요합니다만, 그보다 아이의 행동을 지속시키는 원인을 찾아야 해요. 진혁이는 친구가 놀라는 반응을 관심받았다고 착각하고 좋아했어요. 관심을 받고 싶은 마음이 바지를 벗는 행동을 유도한 것이지요. 따라서 교사와 상의하여 다른 방법으로 관심을 얻도록 해야 합니다. 꽉 끼는 바지를 입거나 멜빵을 달아서 벗기 불편하게 만들면 내리기 전에 중재할 수 있어요. 옷을 벗으려는 전조 증상이 보일 때 빠른 관심을 주거나 주의를 다른 곳으로 돌리는 것도 좋은 방법이에요. 미리 의미행동을 예방하려면 아이의 다른 행동이나 말에 큰 관심을 주세요.

5학년인 상진이는 무료해지면 아무 데서나 자위하는 것을 좋아합니다. 바지 속으로 손이 자주 들어가요. 상진이를 어떻게 지도하면 좋을까요?

첫째, 아이가 자위 행동이 나쁘다고 느끼지 않도록 해야 합니다. 자기 몸과 욕구에 부정적인 감정이 생길 수 있고 억눌린 욕망은 불건전한 행동으로 발전할 수 있어요. 둘째, 정해진 장소에서만(예: 자기 방, 화장실) 하도록 안내해 주어야 합니다. 셋째, 긍정적인 활동을 지원해야 합니다. 성기 만지기 대신 푹 빠질 수 있는 스포츠, 게임, 놀이 등의 활동을 제공해요. 넷째, 아이의 행동을 기록해야 합니다. 행동 패턴을 관찰하고 기록하면 아이의 정보와 변화 정도를 알 수 있어요. 상진이는 무료할 때 자위 행동을 했어요. 마지막으로 지역 성 상담 센터를 활용하여 전문가 선생님에게 상담받거나 성교육과 관련된 학부모 연수를 받는 것이 좋아요.

3장 ✦

바른
식사 습관
정복
하기

학교 식사의 정석: 바르게 식사하기

사회의 출발점인 초등학교에서 식사 습관이 어떻게 자리잡느냐는 매우 중요합니다. 짭짭거리며 먹는 아이는 어른이 되어서도 마찬가지예요. 하루에 세 번씩 제법 긴 시간 이루어지는 행동이 식사입니다. 그만큼 한번 생긴 습관은 고치기 어려워요. 종종 다양하게 배우는 아이의 행동을 가볍게 생각하거나 무관심한 가정을 봅니다. 학교에 모든 것을 맡기는 가정도 있어요. 하지만 습관 교육은 가정과 학교가 왼발과 오른발이라서 함께 걸어야 해요. 가정에서 두 끼의 식사를 해결해야 하므로, 학교 교육만으로는 교정하기 어려워요.

아이가 반드시 배워야 할 식사 예절

아이가 배워야 할 포인트를 세 가지 수준으로 짚어보도록 하겠습니다. 1단계에서는 기초적인 식사를 위한 행동을 배워야 해요.

① 이동과 줄 서기를 잘해야 해요. 조용히 계단이나 복도, 급식실까지 줄을 맞춰 이동하고 줄을 서서 기다려야 해요. 놀이동산, 지역축제, 대중교통, 마트 계산대 등에서 아이가 자연스럽게 줄 서기를 경험할 수 있어요.

② 식사 도구를 잘 다루어야 해요. 식판과 수저를 스스로 챙겨요. 조리사가 음식을 나눠 주면 자리를 옮겨 가며 반찬을 받아야 해요. 식판을 한 손으로 들거나 끝부분을 잡아 음식을 쏟는 일이 있어요. 잔반 처리 시 수저를 같이 버리는 일도 있고요. 가정에서도 식판을 사용하는 습관을 들이면 도움이 돼요. 학교에서 쓰는 수저는 어른용이라서 무겁고 큽니다. 만약 아이가 사용하기 어렵다면 가정에서 교정 젓가락을 가져와 사용해도 좋아요.

③ 식사 예절을 잘 지켜야 해요. 쩝쩝 소리를 내며 먹기, 손가락으로 음식 찌르기, 코에 묻을 정도로 음식에 코를 박고 냄새 맡기, 반찬을 손으로 먹기, 소매에 입 닦기 등의 행동은 교정해야 해요. 아이가 고쳐야 할 식사 행동을 미리 교사와 공유해서 하나씩 교정합니다.

④ 식사 속도를 조절해야 해요. 어떤 아이들은 다음 수업 시간에 늦을

정도로 식사를 느리게 합니다. 학교는 사회의 축소판이고 단체생활이라서 사회 적응 차원에서라도 식사 속도를 맞추어야 해요. 되도록 집에서도 식사 시간을 20~30분 이내로 하면 좋아요.

⑤ 급식실에서 뛰거나 식판을 든 친구와 부딪치는 일이 없도록 주의시켜야 합니다. 급식실 바닥이 미끄러울 수 있고 사람이 밀집한 상황에서 친구와 부딪히면 뜨거운 국을 쏟을 수 있어요. 가정에서도 아이가 식판을 식탁까지 안전하게 옮기는 연습을 하도록 해요.

⑥ 급식실 환경에 적응해야 해요. 청각이 예민한 아이에게는 급식실이 시끄럽고 혼란스러운 환경이에요. 한 아이는 식판 부딪히는 소리를 너무 싫어해서 급식실을 거부하기도 했어요. 사람이 덜 붐비는 시간대에 급식실을 가거나 헤드셋을 착용하면서 아이의 상황은 한결 나아졌지요. 아이가 집이 아닌 장소에서 식사할 때 보이는 독특한 반응이 있다면 공유해야 해요.

건강은 입으로부터, 식습관의 힘

2단계에서는 건강한 식습관을 기르는 데 중점을 둡니다. 편식은 참 고치기 힘든 영역이에요. 수년간 반복해 온 행동을 한순간에 고칠 수 없기 때문이죠. 건강한 식습관을 기르기 위해서는 어떻게 할까요?

① 음식을 다른 형태로 제공해요. 평소에 과일을 먹지 않던 아이도 꼬치에 꽂아서 놀이처럼 즐기면 더 잘 먹을 수 있어요. 아이에게 카나페와 같은 핑거푸드를 제공하거나 싫어하는 채소를 아주 잘게 자른 볶음밥 또는 파스타를 줄 수도 있어요.

② 규칙적인 식사 시간을 가져요. 배고픈 아이는 음식에 대한 거부감이 줄어들어요. 공복 상태를 만들기 위해서 간식은 적게 주거나 식사 후에 간식을 제공합니다.

③ 다양한 음식을 접하고 맛볼 수 있도록 해요. 요즘은 반찬가게나 반조리식품으로 새로운 음식을 접하기 쉬워졌어요. 주말마다 새로운 음식 하나를 경험하는 가족 문화를 만들면 어떨까요?

④ 아이와 함께 요리해요. 자신이 가진 것을 더 높게 평가하는 소유 효과(Endowment Effect)가 생깁니다. 내가 직접 만든 음식은 더 맛있다고 생각해서 먹을 확률이 높아져요.

⑤ 적은 양에서 시작해요. 입술에 음식 닿기, 혀에 음식 닿기, 한 번만 씹고 뱉기 등 아이 수준에 맞게 하나씩 경험해요. 급하게 단계를 뛰어넘지 말아야 해요.

⑥ 색상 기록을 합니다. 빨강, 주황, 노랑, 초록 등의 색을 가진 과일이나 채소 중 어떤 색을 먹었는지 스스로 색칠하며 기록해요. 식사 시간마다 같은 색은 한 번씩만 칠할 수 있어요. 만약 귤을 먹었다면 주황색 색연필로 1칸을 칠해요. 1주일 동안 어떤 색을 가장 많이 먹었는지 살피고 색의 균형을 맞추면 간식이나 작은 선물을 줍니다.

⑦ 음식 월드컵(음식 인기투표)을 해요. 음식 월드컵은 어떤 음식이 좋은지 토너먼트 대결을 시키는 놀이예요. 가장 좋아하는 1, 2, 3순위의 음식을 파악할 수 있고 음식에 관한 대화를 나눌 수 있어요. 실제 식사 시간에 먹어 보기도 해요.

⑧ 가족이 좋아하는 음식을 함께 조사해요. 가족 모두가 질문에 알맞은 음식을 3개씩 고르고(예: 추울 때 생각나는 음식, 오래 씹어야 하는 음식, 향이 좋은 음식, 봄에 떠오르는 음식 등) 나중에 함께 먹어요.

요즘에는 학교 현장에서 아이에게 음식을 억지로 먹이지 않아요. 옛날에는 식판에 있는 반찬은 다 먹어야 한다는 선생님도 있었고 한 번은 맛보도록 편식 지도를 하는 선생님도 있었지만, 지금은 자칫 아동학대가 돼요. 더 넓게 생각하면 싫어하는 '가지'를 먹지 않아도 다른 음식에서 같은 영양소를 섭취할 수 있기도 하고요. 만약 편식이 심해서 영양의 불균형이 걱정된다면 영양제로 보충할 수도 있어요. 과도하게 하나의 반찬만 요구하고 떼쓰는 아이가 아니라면 아이의 입맛도 존중해야 해요.

혼자서도 잘 먹기

3단계에서는 독립적인 식사를 목표로 합니다.

① 스스로 식사 준비를 합니다. 냉장고에 있는 음식을 꺼내서 준비하기, 전자레인지 사용하기, 컵라면 바르게 요리하기, 수저 바르게 놓기, 먹은 음식과 그릇 정리하기 등을 배워요. 단, 아이 혼자 불을 사용하지 않도록 해요. 초등학생이 혼자 요리하다가 화재가 난 사례가 있는 만큼 통제도 필요해요.

② 식사 시간을 관리합니다. 스스로 정한 시간에 규칙적으로 식사해요.

③ 식사 예절을 바르게 지킵니다. 의자에 바르게 앉아서 먹고, 공공장소나 친구 집에서 먹을 때 식사 예절을 실천해요. 수저를 흔들거나 음식을 입에 넣은 채로 말하지 않도록 하고, "잘 먹겠습니다.", "잘 먹었습니다."와 같은 말을 할 수 있도록 지도해 주세요.

④ 안전한 식사를 실천합니다. 뜨거운 국물 조심하기, 정수기 바르게 사용하기, 알레르기 있는 음식 살피기, 칼이나 가위 등 날카로운 물건 쓰지 않기, 질식 주의하기, 식중독 경계하기, 바르게 손 씻기, 음식 바르게 보관하기, 냉동과 냉장 활용하기, 유통기한 알기 등을 배워요.

Q. 아이가 단무지가 있어야만 밥을 먹는데 학교에서 어떻게 할까요? 강하게 편식 지도를 해 주었으면 좋겠어요.

A. 가끔 아이가 특정 반찬이 있어야만 밥을 먹는 경우가 있어요. 우선, 가정이든 학교든 강압이 아닌 부드러운 편식 지도를 꾸준히 해야 해요. 엄하게, 억지로 먹이는 행위는 아동학대에 해당

하고 편식을 오히려 고집하게 만듭니다. 식사는 즐거운 시간이어야 해요. 아이가 좋아할지도 모를 음식을 찾아 다양한 맛의 경험을 시켜 주세요. 채소를 싫어하는 아이도 볶음밥의 채소를 좋아하기도 하고, 튀김 속 채소를 먹기도 하니까요. 그런 점에서 새로운 음식을 경험할 수 있는 학교 급식은 중요해요. 편식이 심한 아이는 집에서 가져온 반찬을 학교 급식 시간에 먹기도 하는데, 이때 교사는 영양 선생님에게 관련 사실을 전달합니다. 외부 음식이기 때문이에요. 단무지는 잘 상하지 않으니 점차 양을 줄이는 방식으로 접근하면 어떨까요?

4장

긍정적인
행동 습관
기르기

아이들은 왜 의미행동을 할까

우리가 행동하는 이유
• • • • • • • • • • • • • •

정도의 차이가 있을 뿐 아이라면 누구나 의미행동을 합니다. 물건을 가지고 싶어서 뺏는 행동, 시끄러운 소리가 거슬려서 더 큰 소리를 지르는 행동, 내 이야기를 들어 주지 않아서 짜증 내는 행동, 공부하기 싫어서 거부하는 행동, 그냥 심심해서 하는 자극적인 행동 등 모두가 상황에 걸맞은 이유가 있어요.

다양하게 배우는 아이들은 왜 의미행동을 할까요? 그게 가장 효과적이기 때문이에요. 부모에게 "사 주세요."라고 말하는 것보다 "으앙!" 하고 우는 게 결과가 좋거든요. 그만큼 아이의 의미행동은 고착될 가능성이 크기 때문에, 최대한 빠른 시기에 올바른 행동으로 바꿔 주어야 합니다. 그러려면 부모는 행동의 기능을 알고, 올바른 행동이 효과적이고 효율적이라는 경험을 아이에게 주어야 해요. 긍정적인 행동은 자연스럽게 생기지 않지요. 가장 오랜 시간을 보내는 가정과 학교에서 교육되어야 해요.

반창고쌤의 교단 일기

더 컸다고 후배에게 늘 훈수 두는 성훈이가 졸업사진을 찍게 되었다. 벌써 6학년이라니! 3학년 코흘리개가 이제는 제법 의젓해 보인다. 성훈이는 멋지게 찍고 오겠다며 학습도움반 문을 활짝 열고 나갔다. 일찍 끝난다던 촬영은 상당히 오래 걸렸다. 한참 후 성훈이의 투덜거리는 소리가 복도에 들렸다. 무슨 문제가 있었나? 화가 났는지 문을 쾅 열고 들어온 성훈이는 욕을 반복했다.

"성훈아, 심한 말은 하면 안 되겠지? 게다가 후배들 앞이잖아."

그제야 후배에게 모범이 되고 싶은 성훈이가 잠잠해졌다. 마음이 어느 정도 차분해졌을 때 상황을 물어보았다. 그러자 성훈이는 다시 씩씩대며 말했다.

"초등학생들은 눈을 감아서 문제구먼."

"아, 앞에 친구들이 자꾸 눈을 감아서 촬영이 늦어졌구나. 정말 답답했겠네."

나는 성훈이의 마음에 공감해 주고 상황은 언제든 바뀔 수 있다고 이야기해 주었다. 한편으로 성훈이가 '젊은것들이 예의가 없다'고 말하는 할아버지 같은 얼굴이어서 귀여웠다.

긍정적 행동 지원에 관하여

∙ ∙ ∙ ∙ ∙ ∙ ∙ ∙ ∙ ∙ ∙ ∙ ∙ ∙ ∙ ∙ ∙ ∙ ∙ ∙

자녀와 잦은 갈등이 생겼다면 이제 긍정적인 행동을 배울 준비가 되었다는 신호예요. 중요한 신호를 못 본 척하면 아이는 올바른 행동을 배울 수 없어요. 개인적으로 '한 아이를 키우려면 온 마을이 필요하다'는 아프리카 속담을 좋아해요. 아이를 키우는 일은 아이를 둘러싼 모든 환경과 관련됩니다. 저는 온 마을을 축소한 게 '긍정적 행동 지원(PBS: Positive Behavior Support)'이라고 생각해요. 개인의 긍정적 행동을 증진하고 부적절한 행동을 예방하기 위한 긍정적 행동 지원은 과학적 근거에 기반한 전략과 환경적 수정을 통합한 맞춤형 지원을 말해요. 특수교사는 긍정적 행동 지원의 기본 토대 위에서 아이의 행동을 지도합니다. 전통적인 행동 중재는 문제 행동이 발생한 이후에 대처하는 방식이라면, 긍정적 행동 지원은 적절한 행동을 사전에 지도하는 데 관심을 두는 예방적인 접근 방식이에요. 그 외에 긍정적 행동 지원의 특성은 다음과 같아요.

첫째, 환경과 행동의 상호작용에 초점을 둡니다. 행동은 독립된 것이 아니라 환경과 늘 연결되어 있어요. 따라서 아이의 행동은 맥락 안에서 이해되어야 하며 다양한 환경 속에서 재구성해야 해요. 예를 들어 베푸는 행동을 가르치고 싶다면 그것을 가르치는 것도 중요하지만, 베풀 수 있는 환경과 베푸는 모습을 보여 주어야 해요. 아이의 시선에서 다시 환경을 재구성하는 것이지요. 미국 생태심리학자 제임스 J. 깁슨(James J. Gibson)이 쓴 『지각체계로 본 감각』을 보면, 사물이나 이미지, 환경은 어떤 특정한 행위를 하도록 하는 힘이 있다고 합니다. 이러한 힘을 가리켜 '어포던스(Afordance)' 즉, '행동유도성'이라고 불러요. 가정과 학교에도 행동유도성이 느껴지는 사물과 환경이 필요해요. 만약 칫솔걸이를 둔다면 아이는 칫솔을 아무 데나 두지 않고 걸어 둘 확률이 높아져요. 현관 바닥에 발바닥 스티커를 붙여 두면 아이는 신발을 스티커 위에 바르게 두게 됩니다.

둘째, 의미행동의 기능을 강조합니다. 같은 행동이어도 아이의 의도는 다를 수 있어요. 예를 들어 책상을 두드리는 아이가 있어요. 의미를 무시하고 단순히 "두드리지 마!"라고 제지한다면 고치기 힘들어요. '무료해서, 활동에 참여하기 싫어서, 관심을 끌기 위해서'와 같이 여러 가지 이유로 책상을 두드릴 수 있어요. 강제로 통제하면 책상을 두드리지 않을 수 있지만 분명 다른 행동으로 다시 나타날 거예요. 왜냐하면 아이는 표현의 한 가지 방법으로 책상 두드리기를 선택했을 뿐이니까요. 억누르면 다른 행동으로 다시 표현될 게 분명하기 때문에, 부모와 교사는 의미행동을 허용할 수 있는 수준으로 낮추거나 바른 행동을 알려 줘야 합니다. 따라서 어떤 이유에서 책상을 두드리는지 관찰하고 기록해야 해요. 긍정적 행동 지원은 의미행동의 기능을 안다면 긍정적인 행동으로 바꿀 수 있다는 신념을 가지고 있어요.

셋째, 예방적 접근법을 강조합니다. 의미행동이 발생하기 전에 환경을 수정하거나 미리 적절한 행동을 가르쳐요. 만약 평소에 아이가 쿵쿵 소리를 내며 걷는다면 소음 없이 걷는 행동을 지도하는 것도 필요하지만, 실내화 신기, 매트 깔기 등의 예방적인 방안을 병행하는 게 중요해요. 의자를 앞뒤로 흔드는 아이가 있다면 책상다리에 테니스공을 끼워 주거나 무거운 의자를 준비해요. 한 번에 모든 행동을 예방할 수는 없습니다. 가장 심각한 행동부터 우선순위를 정해서 다양한 시도를 해야 해요.

넷째, 팀 접근을 지향합니다. 긍정적 행동 지원은 혼자서 하기 힘들어요. 학부모, 특수교사, 통합학급교사, 치료교사 등 아이와 관련된 모든 사람이 일관되게 상호작용을 해야 합니다. 하지만 현실은 그렇지 못하지요. 가정, 학교, 치료기관, 병원 등 각 분야의 전문가들이 아이에 대한 정보를 공유하는 체계가 없어요. 따라서 부모는 아이의 정보를 여러 전문가와 나누기 위해 노력해야 해요.

다섯째, 긍정적 행동 지원은 바른 행동을 강화하는 데 목적이 있습니다. '아이의 행동에 문제가 있어서 이 행동을 없앤다'에 초점을 두지 않아요. 그보다 '아이가 좋은 행동을 알면 긍정적인 결과를 낼 수 있다'에 초점을 둡니다. 아이가 좋은 행동으로 원하는 결과를 낼 수 있다면 굳이 의미행동을 하지 않아도 돼요.

긍정적 행동 지원: 변화를 이끄는 과정

부모가 알아두면 좋을 긍정적 행동 지원 내용을 한 아이의 이야기를 중심으로 안내하겠습니다.

찬성이는 학습장애로 선정된 4학년 아이입니다. 처음에는 왜 이 아이가 학습도움반에 있어야 하는지 모를 정도로 사회적 기술이나 의사소통 능력이 뛰어났어요. 다만 찬성이는 아직 한글을 떼지 못했고, 수학도 2학년 수준에 머물렀어요. 그래도 찬성이에게 눈높이에 맞는 과제를 제시하면 학습 진도를 잘 따라왔어요. 교사는 아이를 꾸준히 관찰하며 가장 눈에 띄는 행동을 찾았어요. 찬성이의 경우는 습관처럼 학용품을 가지고 격투 놀이를 하느라 공부에 집중하지 못했습니다. 왜 그러는 걸까요?

정확한 판단을 위해 '행동관찰 기록지'를 가정과 학교에서 기록해요. 아이의 행동은 의미를 내포하고 의미를 읽어 주지 못하면 행동은 단단하게 굳어져요. 행동의 정확한 의미를 찾기 위해 드러난 면을 기록해야 해요.

행동관찰 기록지 »

아이의 의미행동 안에는 기능이 들어 있어요. 기능을 알면 긍정적인 행동으로 가는 티켓을 찾았다고 할 수 있지요.

의미행동의 기능	내용 및 예시
다른 사람의 관심 끌기	다른 사람의 관심을 받기 위한 의미행동 예) 일부러 넘어지기, 혀 짧은 말과 같이 퇴행 행동하기, 엉뚱한 행동하기
자극 피하기	사람, 과제, 활동, 소리 등의 자극을 피하기 위한 의미행동 예) (그 사람을 피하려고) 싫어하는 사람 위협하기, 과제 일부러 틀리기, (주변 소음을 줄이기 위해) 큰 소리로 전화하기, 엎드리기
바라는 것 얻기	바라는 물건, 활동, 결과 등을 얻기 위한 의미행동 예) (휴대전화로 놀고 싶어서) 짜증 내기, (혼자 있고 싶어서) 화장실에 자주 가기, (초콜릿을 먹고 싶어서) 떼쓰거나 울기
자기 조절하기	마음(내적 자극)을 조절하기 위한 의미행동 예) 몸 흔들기, 다리 떨기, 손 흔들기, 손가락 뚜두둑 소리내기
놀이나 오락	특별한 외부 자극은 없지만, 그냥 스스로 자극을 주고 싶어서 하는 의미행동 예) 계속 혼잣말하기, 노래 부르기, 허밍, 손가락 가지고 놀기

같은 의미행동이어도 기능은 다를 수 있어요. 공부가 하기 싫어서(자극 피하기) 울기도 하고, 다른 사람들이 쳐다보길 바라서(관심 끌기) 일부러 울 수도 있어요.

찬성이는 놀이나 오락의 기능으로 연필과 지우개를 가지고 놀았어요. 과제가 조금만 막혀도 포기해 버리니 남는 시간에 무료해서 놀았던 거죠. 그래서 '찬성이는 과제를 풀 수 없을 때마다 학용품을 가지고 논다'라고 가설을 세웠어요.

의미행동은 3개의 바퀴가 달린 자전거와 비슷해요. 첫 번째 바퀴는 배경 사건입니다. 배경 사건은 의미행동이 일어나기 전에 있었던 사건을 말해요. 의미행동을 일으키는 직접적인 사건은 아니지만, 잠재적으로 의미행동이 생길 확률을 높이는 사건이에요.

눈높이에 맞는 과제(선행 사건)를 주는데도 교사에게 짜증을 내고 울먹이는 학생이 있었어요. 알고 보니 집에서 혼나고 온 날(배경 사건) 과제가 마음에 들지 않으면 짜증 내는 것(의미행동)이었어요. 이처럼 배경 사건은 의미행동의 발생률을 높여요. 학교 내에서도 배경 사건은 생길 수 있어요. 손을 씻다가 소매가 다 젖어서 아이의 기분이 좋지 않다면 이 역시 배경 사건이고, 그때 하필 다른 친구가 놀렸다면(선행 사건) 아이는 참지 못하고 때리는 일(의미행동)이 생길 수 있어요. 그 밖에 아침 굶기, 좋지 않은 날씨, 감기, 변비, 늦잠, 엄마 아빠의 말싸움, 마음에 들지 않는 옷 등도 배경 사건이에요.

찬성이는 4교시부터 집중력이 떨어지고 학용품을 가지고 노는 일이 자주 일어났어요. 배고프다는 말을 자주 하거나 피자가 먹고 싶다고 말하는 횟수가 많았어요. 배고픔이 아이의 배경 사건이라고 할 수 있어요.

의미행동을 이끄는 두 번째 바퀴는 선행 사건입니다. 선행 사건은 의미행동 직전에 발생한 구체적인 사건을 말해요. 행동이 발생하는 직접적인 원인이지요. 예를 들어 부모가 스마트폰을 뺏으면(선행 사건) 아이가 크게 화(의미행동)를 낼 수 있어요. 친구들 앞에서 발표할 때면(선행 사건) 아이가 평소와 다르게 작은 소리(의미행동)로 말할 수 있어요. 선행 사건을 잘 파악한다는 말은 행동의 원인을 잘 안다, 행동을 잘 예측한다는 말과 비슷해요.

찬성이는 과제가 어려울 때(선행 사건) 학용품을 가지고 노는 행동을 시작해요. 책상에 다양한 물건(선행 사건)이 있을 때 의미행동이 자주 발생해요.

의미행동을 이끄는 세 번째 바퀴는 후속 결과입니다. 바른 행동을 할 수 있도록 돕는 예방이 중요하지만, 이미 의미행동이 발생했다면 적절한 반응도 중요해요. 잘못된 피드백은 의미행동을 지속시키는 원인이 되기도 합니다. 후속 결과란 의미행동이 발생한 직후에 일어나는 사건을 말해요. 예를 들어 아이가 밥을 먹지 않자(의미행동) 잔소리하던 부모가 결국 먹여 주는 일(후속 결과)을 해요. 말을 듣지 않은 아이의 행동이 '물건(밥)'을 편하게 얻는 기능'으로 작동했고, 아이는 원하는 결과를 얻었어요. 이렇게 되면 가만히 있으니까 편하게 밥을 준다는 시그널을 줄 수 있어요. '아무것도 안 하면 편하게 밥을 먹을 수 있구나'에서 시작해서 '가만히 있으면 뭐든지 다 해결해 주는구나'로 확장되기도 해요.

찬성이가 학용품을 가지고 노는 행동을 보고 엄마가 어깨에 살짝 손을 올렸어요. 더 하면 안 된다는 의미의 신체적 접촉이며 후속 결과에 해당해요.

> 배경 사건 + 선행 사건 + 행동 -> 후속 결과(행동 기능을 포함한다)

어떻게 의미행동을 다루어야 할까

행동과 이어진 배경 사건, 선행 사건, 후속 결과라는 연결고리를 알게 되었습니다. 그렇다면 각각 어떤 중재가 필요할까요? 중재란 아이의 긍정적인 변화를 위한 교육적 전략 또는 지원 프로그램을 말해요.

먼저 배경 및 선행 사건 중재가 있습니다. 배경 및 선행 사건 자체를 제거하거나 수정하는 방법이에요. 배경 사건 중재는 아이의 행동에 간접적인 영향을 주는 요소를 교정해요. 어떻게 하면 긍정적인 배경 사건을 만들어 줄 수 있을까요? 일찍 잠자리에 들고 부드럽게 기상하는 환경을 만들어요. 아침 식사는 되도록 아이가 좋아하는 반찬으로 구성해요. 영양 구성만 적절하다면 편식하지 말라고 잔소리할 필요가 없습니다. 학교 가방은 미리 전날 아이와 함께 싸요. 옷도 미리 골라 둡니다. 잠이 많다면 활동복을 입고 자는 방법도 있어요. 날씨 영향을 쉽게 받는 아이는 일기예보를 미리 알려 주고, 비 오는 날에는 아이에게 더 잘해 주세요. 날씨(부정적 자극)와 즐거운 일(긍정적 자극)을 서로 연결하는 것이지요. 아침과 저녁 시간에 자녀를 처음 볼 때 긍정적인 말을 선물하고, 따뜻한 스킨십으로 기분을 가볍게 올려 주세요. 기분 나쁜 사건을 부드럽게 넘기는 방패가 바로 긍정적인 배경 사건 중재입니다.

> 배경 사건 중재: 찬성이는 배가 고픈 시간대에 집중력이 많이 떨어지므로, 어려운 과목은 더 이른 시간에 하거나 정한 범위까지 할 일을 하면 배고픔을 줄일 수 있는 간단한 간식을 제공해요.

선행 사건 중재는 의미행동이 일어나기 전에 예방적인 조치를 하는 것입니다. 어떨 때 아이의 의미행동이 심하게 나타나는지 기록해서 행동이 나타나기 전에 자극을 통제해요. 아이가 문구점 앞을 지나갈 때 떼를 쓴다면 다음부터는 다른 길로 돌아가요. 아이가 수학을 싫어해서 자꾸 엎드린다면 문제의 수준을 조절하고 학습을 도와주는 교구를 제공해요.

선행 사건 중재: 찬성이는 물건을 가지고 노는 것을 좋아하므로 필요한 연필과 지우개 외의 모든 물건(선행 사건)은 책상에서 치워요. 아이의 눈높이에 맞는 과제를 신중하게 고르고, 아이가 자신감을 가질 수 있는 과제를 준비해요. 혹시 수준에 맞는 과제도 어려워하고 의미행동의 전조 증상이 보이면, 재빨리 자신감을 주는 과제(선행 사건)로 전환해요.

다음으로 대체 행동 중재가 있어요. 행동의 기능은 유지한 채, 바람직한 행동으로 교체해 주는 것을 말해요. 한마디로 아이의 의미행동을 다른 행동으로 바꾸는 것이죠. 중요한 점은 대체 행동이 바람직하지 않은 행동과 동일한 효과가 있어야 한다는 점이에요. 물건을 얻기 위해 떼쓰는 행동 대신 "사탕 주세요."라고 말했을 때 부모가 긍정적인 반응을 보이는 거죠. 수줍음이 많은 아이라서 이웃에게 인사를 하지 못한다면 고개 숙이는 대체 행동으로 바꿔요. 자주 화를 내는 아이라면 말이나 행동 대신 글로 써서 보여 주거나 감정 카드로 표현해요. 공부 시간에 말이 많다면 발표 시간을 별도로 주거나 쉬는 시간에 충분히 대화해요.

대체 행동 중재: 찬성이가 학용품을 가지고 노는 대신 손 인형으로 그림책 내용을 표현하도록 합니다. 수학 역시 조작이 필요한 교구를 다양하게 다루도록 해요. 학용품이 필요 없는 태블릿 PC를 활용하기도 해요.

마지막으로 후속 결과 중재는 이미 일어난 의미행동을 보고 부모가 적절히 반응하는 것을 말해요. 그러면 올바른 행동이 증가하거나 바람직하지 않은 행동을 줄어들겠죠? 예를 들어 아이가 엉뚱한 질문을 하면 관심을 주지 않지만, 주제와 관련된 질문을 하면 칭찬과 격려를 표현하는 것이죠. 엄마와 떨어지면 불안해하는 아이가 10분 동안 혼자 있으면 따뜻하게 안아 줘요. 아이가 숙제나 집안일을 하면 스마트폰을 10분 동안 만질 수 있는 쿠폰을 제공해요. 발표를 두려워하는 아이의 경우, 3초 말하기부터 시작해서 기록을 경신할 때마다 작은 포상을 선물해 주세요.

후속 결과 중재: 찬성이가 공부 시간 동안 학용품을 가지고 놀지 않으면 쉬는 시간을 10분 더 늘려 주세요. 놀 수 있는 쉬는 시간이 찬성이에게 강화제입니다.

Q. 아이가 지나친 의미행동을 한다고 선생님이 자꾸 연락합니다. 집에서는 전혀 그러지 않아요. 매번 아이의 잘못된 행동만 지적해서 기분이 대단히 나쁩니다. 어쩌면 선생님이 과장되게 말하는 건지도 모르겠어요.

A. 일단 세 가지 전제를 이해해야 합니다. 첫째, 부모는 아이와 하나가 아닙니다. 둘째, 아이란 존재는 환경에 따라 여러 명입니다. 셋째, 문제는 더 나은 성장을 위한 피드백입니다.

먼저 부모는 아이와 하나가 아니라는 이야기부터 해 볼까요? 부모가 하는 실수 중 하나가 자녀를 자신과 동일시한다는 거예요. 아이의 마음에 공감해 주는 것과 '너는 곧 나다'라는 동일시는 전혀 달라요. 일부 학부모는 아이의 일을 자신이 당한 것처럼 흥분하고 자존심을 상해해요. 부모는 아이의 성장을 위해 상황과 문제를 침착하게 바라보는 힘을 길러야 합니다.

둘째, 아이란 존재는 환경에 따라 여러 명이에요. 학교에서의 아이와 가정에서의 아이는 다를 수 있어요. 아무래도 가정은 익숙한 자극이 많아서 아이 행동을 예측할 수 있지만, 학교는 수만 가지의 다른 자극이 있어요. "집에서 안 그래요.", "나쁜 친구를 만나서 그래요."와 같은 말은 예나 지금이나 학부모가 자주 말하는 레퍼토리입니다. 예전에 가르친 제자는 미는 버릇이 있었어요. 기분이 좋거나 나쁠 때 친구를 밀었지요. 위험한 행동이라서 학부모에게 전화했더니 "집에서는 안 그래요."라고 말하더군요. 그런데 방학을 마치고 2학기 개학 날이 되자 학부모에게 전화가 왔어요. "선생님, 방학 때 아이가 놀이터에서 다른 친구를 밀어서 문제가 있었어요. 이제 여기서도 하네요."라는 내용이었어요. 의미행동은 언제든 일반화될 수 있어요. 따라서 가정에서의 아이 모습이 전부라고 믿지 말고, 다양한 의견과 정보를 적극적으로 수집해야 해요.

셋째, 문제는 아이의 더 나은 성장을 위한 피드백이에요. 아이의 사건을 들으면 마음이 좋지 않은 건 당연해요. 하지만 거기서 끝나면 아이의 성장에 아무런 도움이 되지 않습니다. 오히려 이 행동을 고치면 아이의 바람직한 행동이 더 많이 늘어나니 고마운 일이에요. 교사에게 이렇게 말하면 어떨까요? "저런, 그런 일이 있었군요. 선생님이 속상하셨을 것 같아요. 알려 주셔서 감사합니다. 아직 가정에서는 나타나지 않아서 몰랐어요. 어떻게 지도하면 좋을까요?"

우리의 배움과 성장은 타고난 것이 아니라, 지속적인 학습을 통해 스스로 만들어 가는 것이에요. 아이가 훌륭한 동기를 가지고 작은 사회를 이끌어 갈 수 있도록 부모는 다음을 준비해야 해요. 이 장에서는 성공적인 학습을 위한 일곱 가지 기둥, 즉 주의 집중, 목표 설정, 실패에 대한 긍정적 대처, 기억력 강화, 메타인지 활용 등 학습의 기본기를 다지는 법을 다루려고 합니다. 또한 필수 교과인 국어와 수학 공부의 기초를 탄탄히 세우는 실질적인 방법들도 함께 익힐 거예요. 탄탄한 기초가 다져질 때, 학습 효과는 극대화됩니다.

Part. 3

다양하게 배우는 아이들을 위한 교과 공부 잘하는 법

1장 ✦

성공적인
학습을 위한
일곱
기둥

공부의 핵심이 되는 주의 집중

1990년대 후반 하버드 대학의 심리학자 대니얼 사이먼스(Daniel Simons) 연구팀이 재미있는 실험을 합니다. 연기자가 지나가는 사람에게 길을 물어봐요. 이때 둘 사이로 직원들이 커다란 문을 들고 지나가며 시야를 가리고, 그 틈에 연기자를 교체합니다. 목소리도 다르고 키도 다른 연기자가 계속 길을 묻는 거죠. 놀랍게도 15명 중 8명이 사람이 바뀌었다는 사실을 몰라요. 이런 현상을 '변화맹(Change Blindness)'이라고 합니다. 우리는 왜 변화를 알아채지 못할까요? 바로 주의를 기울이지 않았기 때문이에요. '주의(attention)'란 무엇일까요? 주의는 'ad(방향, 더하다)'와 'tend(뻗다, 펼치다)'와 'ion(명사)'으로 이루어졌어요. 주의를 집중하려면 방향을 알고 바르게 안테나를 뻗어야 한다는 의미입니다. 교육도 마찬가지예요. 변화하는 교육 정보에 안테나를 조준해야 해요. 저에게 아이가 공부할 때 갖춰야 할 능력을 하나 고르라고 하면 망설임 없이 주의 집중을 고를 겁니다. 그만큼 공부와 연결된 중요한 요소이고, 교육 현장에서 아쉬움이 많은 영역이에요. 갈증 난 말을 물가까지 끌고 갈 순 있어도 엉뚱한 곳만 본다면 먹이는 건 쉽지 않아요.

주의 집중을 높이는 방법

어떻게 하면 주의 집중을 잘할 수 있을까요? 종류에 맞추어 방법을 찾아보겠습니다. 첫째, 주의 집중에는 초점이 있어요. 이는 하나의 정보에 집중하는 것을 말해요. 초점이 부족하다면 먼저 초점을 흐리게 하는 요소를 제거해야 해요. 보통 배경 사건과 환경이 주의를 산만하게 만들지요. 충분한 수면 취하기, 부적절한 영상 콘텐츠 차단하기, 아침 식사하기, 늦지 않게 기상하기, 아침에 칭찬받기 등으로 주의 집중에 긍정적인 배경 사건을 만들어요. 아이를 산만하게 만드는 주변 환경을 정리하는 것도 초점을 되찾는 방법이에요. 아이가 현재에 집중할 수 있도록, 한 번에 하나의 활동에만 몰두하도록 해 주세요. TV를 보면서 간식을 먹거나, 노래를 들으며 공부하는 멀티태스킹은 피하도록 지도해야 해요.

둘째, 주의 집중에는 지속시간이 있어요. 이는 정해진 시간 동안 주의를 유지하는 것을 말하는데, 이를 위해서는 먼저 구조화된 환경을 제공해야 해요. 구조화된 환경이란 공부를 위한 최적의 조건을 구성하는 것을 말합니다. 즉 불필요한 물건을 제거하거나 수정할 수 있어요. 연필과 지우개는 산만함을 이끄는 학용품 중 하나예요. 구르는 연필을 막기 위해 연필 그립을 끼워서 쓰거나 쥐기 좋고 덜 굴러가는 삼각 연필을 써요. 종이 포장이 된 지우개는 아이가 덜 괴롭히지요. 저는 연필을 자꾸 만지고 지우개를 괴롭히는 일을 아이가 가진 본능적인 행위로 인정하고 대비해요. 지우개와 연필은 손을 길게 뻗어야 닿는 곳에 놓고 필요할 때만 쓰게 하지요. 자꾸 넘어가는 교재를 신경 쓰지 않도록 독서대, 북클립, 문진(누름틀)을 이용해요. 책상에는 연필 한 자루와 지우개 그리고 교재만 두도록 합니다.

아이가 온전히 몰입할 수 있는 집중 시간부터 시작해서 익숙해지면 점차 학습 시간을 늘려요. 딴짓을 시작하는 시점이 아이의 최대 집중 시간입니다. 최소 1~2주일 이상 기록한 뒤에 평균값을 내고, 그 시간의 60~80% 정도부터 익숙해지도록 해요. 시간을 늘리는 것도 필요하지만 정해진 양에 깊이 몰입하는 것이 더 중요해요. 공부 시간이 끝나서 과제를 그만두는 것보다 미리 과제를 마치면 놀 수 있는 보상을 주는 게 현명합니다.

셋째, 주의 집중의 범위가 있어요. 주의 집중에는 한계가 있고 주의를 기울일 수 있는 정보의 양은 정해져 있지요. 따라서 아이의 주의 집중 시간 안에 풀 수 있는 학습량을 제공해야 해요. 저는 "아이들이 지치는 것은 공부 시간이 길어서 그런 것이지, 주제가 다양하기 때문은 아니다."라는 영국의 교육철학자인 샬롯 메이슨(Charlotte Mason)의 말을 좋아해요. 여기서 주제란 적절한 양의 '다양한' 내용이에요. 아이의 집중 시간 동안 주제를 바꿔 가며 제공한다면 지속적인 공부가 가능해요.

넷째, 선택적 주의 집중이 있어요. 방해 자극과 상관없이 선택한 정보에 집중하는 것을 말해요. 주의 집중이 안정적으로 이루어진다면 유튜브나 애플리케이션에 있는 카페 속 소리, 비 오는 소리 등의 다양한 백색소음을 활용하여 선택적 주의 집중을 훈련할 수 있어요. 세상은 소음으로 가득해서 다소 시끄러운 환경에서 집중하는 연습이 중요해요. 오히려 높은 수준의 집중력을 발휘하기 위해 사람들은 백색소음이 있는 곳을 선호한답니다. 공원, 카페, 지하철, 캠핑장 등에서 아이와 함께 색다른 공부 데이트를 즐겼으면 해요.

다섯째, 주의 집중의 전환이 있어요. 한 자극에서 다른 자극으로 주의를 옮길 수 있어야 해요. 딴짓하던 아이가 수업을 시작하면 주의를 이동해야 하는데 그러지 못하는 일이 생겨요. 매끄러운 전환을 위해 아이가 눈으로 볼 수 있는 시간표, 사전 약속(예: "긴 바늘이 5에 갈 때까지 쉬는 거야.", "벨이 울리면 국어 공부할 거야.")을 주로 사용해요. 신호음, 종소리, 헛기침, 이름 부르기 등 주의를 옮길 수 있는 단서를 주면 도움이 돼요. 장소를 옮기거나 자세를 바꾸는 '넛지(행동을 위한 부드러운 개입으로, 예를 들어 긴장한 아이에게 심호흡하는 동작을 보여 줄 수 있어요.)'도 좋아요.

주의 집중을 배우기 위한 놀이 1.

놀이

보물 찾기 놀이

도안

숨겨진 보물을 찾고 보물 속에 있는 번호를 발견합니다.

적절한 보물 카드를 3장 찾았다면 무인도에서 탈출할 수 있어요.

● 준비물: 보물찾기 놀이 활동지, 손전등(스마트폰 손전등 기능 활용)

● 놀이 방법

　① 활동지에 있는 보물 그림을 오려서 뒷면에 숫자를 적은 다음, 숫자
　　가 보이지 않도록 종이를 덧대어 붙여요. 진한 펜으로 쓸 경우 안의
　　내용이 그대로 비칠 수 있는데, 이때는 종이를 1장 더 덧대요.

　② 부모가 정해진 구역(아이 방이나 거실 등) 곳곳에 보물 그림을 숨겨요.
　　그리고 보물 활동지에 세 가지 종류(음식, 교통수단, 의류)의 보물 이
　　름을 써요.

　③ 아이는 숨겨진 보물 그림을 찾아요. 발견하면 손전등으로 그림 속을

비춰서 숫자를 확인해요.

④ 세 가지 종류의 보물을 모두 찾으면 무인도에서 탈출할 수 있어요.

● 활용 팁: 아이가 보물찾기를 어려워한다면 보물 그림과 멀 때는 천천히 "삐~ 삐~" 소리를 내다가, 보물 그림과 가까워지면 점점 빠르게 "삐! 삐!" 소리를 내요. 아이가 찾기 활동을 잘하면 보물의 종류를 늘려요. 이후에는 역할을 바꿉니다.

주의 집중을 배우기 위한 놀이 2.

물방울 놀이

뚜껑의 물이 넘치지 않도록 하는 랜덤 게임입니다.

물이 아슬아슬 넘칠 듯 안 넘치는 재미가 있어요.

● 준비물: 병뚜껑 또는 페트병 뚜껑 1개, 돌림판, 물약통 또는 빨대

● 놀이 방법

① 페트병 뚜껑에 물을 3분의 2 이상 채우고 시작해요. 돌림판의 각 칸

에 원하는 숫자를 적어 넣고, 돌림판을 돌려서 나온 숫자만큼 뚜껑에 물방울을 넣으면 돼요. 물약통을 이용하면 한 방울씩 넣을 수 있어요.

② 최종적으로 물이 넘친 사람은 벌칙을 받아요.

● 활용 팁: 휴지 1칸에 페트병 뚜껑을 대고 사인펜으로 그려요. 그러면 물이 넘칠 때 사인펜이 번지기 때문에 분명한 결과를 알 수 있어요. 물약통이 없다면 빨대를 활용해요. 빨대 구멍을 손가락으로 막았다가 살짝 떼면 물방울을 떨어뜨릴 수 있답니다.

● 참고: 돌림판과 주사위 만들기 ●

학습 놀이에서 돌림판과 주사위는 자주 사용하는 도구예요. 스마트폰 앱을 활용해도 되지만 돌림판과 주사위를 아이와 함께 만드는 것을 추천해요. 만드는 법은 QR코드를 참고하세요.

만들기

목표,
세우면 이루어진다

학습에서 목표는 중요한 가치임에도 소홀히 여기는 경향이 있어요. 목표 설정 이론을 만든 에드윈 로크(Edwin A. Locke)는 개인이 설정한 목표가 동기와 행동에 영향을 미친다고 했어요. 학습 목표는 보여 주기가 아닌 수업의 방향이자 평가이며, 학습 활동을 움직이는 힘이에요. 따라서 학습을 시작할 때 학부모와 학생은 목표를 분명하게 인식해야 해요.

목표를 설정하려면 'SMART 기법'을 활용하세요. 목표를 '구체적(Specific)', '측정 가능(Measurable)', '달성 가능(Achievable)', '현실적(Realistic)', '시간 제한(Time-bound)' 방식으로 설정하는 거예요.

추가로 목표를 바르게 설정하기 위한 꿀팁을 알려드릴게요. 목표는 통제할 수 있어야 해요. 시험 90점 맞기, 책 100권 읽기, 1억 벌기가 목표일까요? 우리는 통제할 수 없는 것을 당연한 목표로 생각하고 자신을 괴롭힙니다. 만약 아이가 90점을 못 받으면 좌절과 스트레스로 스스로를 미워할 거예요. 그래서 통제 불가능한 목표를 설정하면 두 가지 폐단이 생겨요. 먼 미래의 일이라고 생각하며 미루게 돼요. 아니면 실패하기 싫어서 아예 시도하지 않게 돼요.

그러면 목표를 어떻게 설정해야 할까요? 두 가지 요소가 들어가야 해요. 첫째, 통제할 수 있는 내용으로 목표를 짜야 합니다. 둘째, 과정 중심으로 짜야 합니다. 예를 들어 시험 90점 맞기가 아니라 매일 문제집 1장 풀기가 바른 목표예요. 책 100권 읽기가 아니라 매일 10쪽씩 책 읽기가 바른 목표입니다. '받아올림이 있는 세 자리 수 알기'는 목표가 아니라 방향이라고 생각해요. 목표는 '받아올림이 있는 세 자리 수 3문제 풀기' 또는 '받아올림 보조 숫자 바르게 세 번 쓰기'예요. 단, 아이가 아닌 부모가 목표를 대신 짜 준다면 추가해야 할 일이 있어요. 매일 10쪽 읽기는 책 100권 읽기(결과 목표)를 위한 과정 목표예요. 과정 목표란 성장과 더불어 계속 변하는 목표를 말해요. 처음에는 10쪽을 읽던 아이가 나중에는 20쪽을 읽을 수 있을 정도로 성장한다면, 과정 목표를 수정해야 해요. 그런데 여기서 문제가 생깁니다.

부모: 오늘은 11쪽씩 읽을 거야.
아이: 10쪽씩 읽기로 했잖아. 왜 거짓말해!

반발은 당연해요. 아이는 부모가 약속을 어겼다고 생각할 거예요. 부모가 10쪽만 강조했기 때문이죠. 그래서 결과 목표와 더불어 과정 목표의 성장 가능성도 종종 말해야 해요.

결과 목표를 잘 활용하는 부모: 오늘도 10쪽 읽었구나. 잘했어. 우리 중간 점검해 볼까? 오늘까지 벌써 20권 읽었어. 앞으로 100권 중 80권 남았네?

과정 목표의 성장을 말하는 부모: 지금은 10쪽씩 읽지만, 나중에 도준이가 더 크면 생각 주머니가 커져서 20쪽, 30쪽도 쭉쭉쭉 더 읽을 수 있어. 대단하지? 생각 주머니가 클 때마다 조금씩 더 읽는 거다?

목표 설정을 배우기 위한 놀이 1.

A4 종이로 비눗방울 터뜨리기

A4 종이를 창의적인 도구로 만들어서 비눗방울을 터뜨리는 활동을 합니다.

● 준비물: 비눗방울, A4 종이

● 놀이 방법

① A4 종이로 비눗방울 터뜨릴 수 있는 나만의 도구를 만들어요.

② 1분 동안 다른 사람이 비눗방울을 불어 주면, 아이가 멋진 퍼포먼스로 목표 개수만큼 비눗방울을 터뜨려요.

③ A4 종이를 절반으로 줄여서 다시 나만의 무기를 만들고 비눗방울을 터뜨려요.

④ A4 종이의 절반을 한 번 더 반으로 줄여서 무기를 만들고 '던져서' 비눗방울을 터뜨려요.

⑤ 목표에 도달했는지 터뜨린 비눗방울을 모두 더해요.

● 활용 팁: 참여하는 인원이 많으면 비눗방울을 부는 팀과 터뜨리는 팀으로 나누어서 진행할 수 있어요. 5회 놀이 후 역할을 바꿔요. 많이 터뜨리는 경쟁 게임도 좋고 함께 누적해서 일정 목표를 뛰어넘는 협동 게임도 좋아요.

목표 설정을 배우기 위한 놀이 2.

도안

타임 어택! 보석을 캐내라!

목표로 정한 시간까지 보석을 최대한 많이 모으는 놀이입니다.

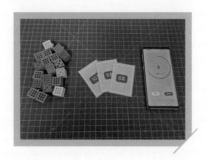

● 준비물: 보석으로 쓸 물건(동전, 블록 등), 스마트폰, 시간 카드 6장

● 놀이 방법

① 참여자들에게 시간 카드를 6장씩 나눠 주세요.

② 순서를 정한 뒤에 한 사람이 카드 1장을 자기만 보고 뒤집어 가운데에 둡니다. 뒤집은 카드의 시간만큼 스마트폰 타이머를 설정하고 작동시켜요.

③ 나머지 사람은 타이머가 울리기 전까지 보석을 원하는 만큼 가져와요. 단, 타이머가 울릴 때 손이 보석을 향한 사람은 가져간 보석을 원래대로 돌려놓습니다.

④ 다음 사람의 차례예요. ②, ③의 활동을 반복합니다.

⑤ 남은 시간 카드가 없으면 게임은 끝나요. 보석의 개수가 가장 많은 사람이 승리합니다.

- 활용 팁: 주사위의 수를 이용한 목표 놀이도 가능해요. 종이컵에 주사위 하나를 넣고 흔든 뒤에 종이컵을 뒤집어요. 주사위의 숫자를 예상해서 그보다 작은 수만큼만 보석을 가져가요. 종이컵을 열고 주사위의 수보다 보석이 적으면 보석을 가져도 돼요. 다만 주사위의 수보다 더 많은 보석을 가져갔다면 다시 돌려줘야 해요.

주인공의
시선 갖기

무게가 1.2g인 뒤영벌은 날개 넓이가 0.7㎠밖에 되지 않아요. 공기역학의 법칙으로는 설명할 수 없는 작은 날개를 가졌지만, 뒤영벌은 그냥 날아요. 자신을 의심하지 않고 스스로 해내죠. 우리 아이들도 마찬가지예요. 작지만 강력한 날개를 가지고 있어요. 다만 아이의 성장 속도가 짧게는 몇 개월에서 길게는 몇 년까지 천천히 발달한다는 이유로 부모가 대신 해 주는 일이 많을 뿐입니다. 아마 아이를 키우는 부모라면 모두 비슷한 경험이 있다고 생각해요. 하지만 스스로 하는 경험을 쌓지 못하면 나중에 미룬 숙제를 몰아서 하듯이 대가를 치러야 하는 문제가 생겨요. 모든 영역을 자기 주도적으로 할 수는 없지만, 일부 영역, 일부 내용을 스스로 하면서 점차 할 수 있는 영역을 확장해야 해요. '나'라는 나라를 하나씩 정복해서 내가 나를 다스릴 수 있는 영토를 늘리는 거죠. 장기적인 학습 습관을 기르기 위해서는 주도성이 필수랍니다. 스스로 하면 긍정적인 자존감이 생기고 동기가 부여되며 책임감 있게 자기 문제를 해결할 수 있어요.

그럼 어떻게 하면 아이의 자기주도성을 기를 수 있을까요? 첫째, 시도의 기회를 주어야 합니다. 큰 틀이나 방향은 부모가 짜되 그 안에서 고르는 건 아이에게 맡겨요. 마치 놀이터의 영역을 정해 주고 네 뜻대로 해 보라고 허용해 주듯이 기회를 주세요. 장난감, 음식, 장소 등의 새로운 정보에 노출되었을 때 주위에 방해되지 않는 범위에서 충분히 탐색할 수 있어야 해요. 다만 위험한 상황이라면 아이의 행동을 통제해야 합니다.

둘째, 선택을 존중합니다. 실패할 게 뻔해 보여도 참고 기다려야 해요. 실패는 끝이 아니라 다음을 위한 피드백이고 아이에게는 소중한 자산이니까요. 아이가 피드백에 둔감하다면 상황과 결과를 함께 공유해요. 다음 대안을 물어보거나 두세 가지 방법을 제안하여 아이가 선택하도록 해요.

셋째, 부모는 아이의 행동을 기다릴 수 있는 여유로운 마음을 가져야 합니다. 아이를 기다리기 힘들다면 이런 방법은 어떨까요? 마음속으로 짧은 노래를 부르기, "천천히 해도 괜찮아."와 같은 주문 외우기, 물 한 잔 마시고 오기, "이 부분을 할 때까지 기다려야지."와 같은 목표 설정하기, 깊게 심호흡하며 자기 숨 느끼기, 이어폰을 사용하여 한쪽 귀로 음악 듣기, 짧은 스트레칭 루틴 갖기 등 사람마다 맞는 방법은 다를 겁니다.

넷째, 놀이를 정해 주지 않습니다. 놀이밥은 아이가 지어 먹어야 해요. 아이가 자꾸 부모에게 "심심해. 뭐 하고 놀아?"라고 묻는다면 타이머로 일정 시간을 정해 주고 울릴 때까지 놀 기회를 주세요. 아이가 정한 놀이를 아이 혼자 또는 부모와 함께할 수 있어요. 어떻게 해야 할지 모르던 아이도 시간이 지나면서 재미있는 놀이를 찾아냅니다. 놀이는 아이의 본능과 같기 때문이에요.

다섯째, 부모와 아이가 주도성을 번갈아 가져요. 문제집을 풀 때 한 문제는 부모의 도움을 받았다면, 다음 문제는 아이 스스로 해요. 이때 아이가 활동을 스스로 통제했다는 느낌이 들도록 선택권도 주세요. 예를 들어 학습지를 보면서 "도준이는 몇 번 문제 고를 거야?" 하고 물어볼 수 있지요.

여섯째, 긍정적인 자기 이미지를 강화합니다. 부모는 아이의 성공 경험을 상기시키고 스스로 한 행동을 칭찬해요. 아이 역시 자기를 칭찬하는 습관을 익혀요. 아이 스스로 칭찬하기 어렵다면 부모가 말하고 아이가 따라 하도록 해요.

일곱째, 루틴이나 습관을 형성합니다. 주인공은 '나'란 사람의 주인이에요. 다음 상황에서 무엇을 해야 하는지 스스로 생각해야 해요. "이 닦아!"와 같은 지시 대신 "지금 무엇을 해야 할까?"라는 질문을 해요. 이해를 못 했다면 놀이처럼 단서를 하나씩 추가해요. "(이를 닦는 행동을 보여 주면서) 자, 지금부터 동작 힌트 갑니다." 이렇게 하면 아이가 퀴즈처럼 생각하고 행동에 관심을 둡니다. 아이의 자기주도성을 돕는 단서의 레벨은 다음과 같아요. 약한 단서부터 점점 더 강한 단서 순으로 설명하겠습니다.

① 레벨 1 언어 단서

마치 사회자가 진행하듯이 이야기합니다. "이 닦아!"가 아니라 "과연 지금 무슨 일을 해야 할까요? 첫 번째 힌트는 초콜릿, 두 번째 힌트는 저녁, 세 번째 힌트는 충치!"와 같이 힌트를 하나씩 던져 주면서 답을 찾게 해요. 구멍 뚫린 문장을 제시하는 단서도 좋아요. "나는 ○○○을 잘합니다. ○○○을 하면 입에 하얀 거품이 생깁니다."와 같은 방법으로 해야 할 행동을 유추할 수 있어요.

② 레벨 2 그림 단서

말 그대로 그림을 단서로 주세요. 화이트보드를 쓰거나 스마트폰에 그림을 그려서 보여 주세요. 반대로 아이에게 지금 해야 할 일을 그림으로 그려 보라고 할 수 있어요.

③ 레벨 3 사물 단서

해당 활동에 필요한 물건을 하나씩 공개하고 행동을 유도해요. 반대로 아이가 지금 할 행동에 필요한 물건을 찾아오도록 할 수 있어요.

④ 레벨 4 모델링 단서

행동으로 본보기를 보여 주고 아이가 따라 하도록 해요. 모델링이 성공하려면 부모를 관찰할 기회가 자주 있어야 해요. 조금 과장된 행동을 하면 아이는 놀이로 느끼고, 잔소리라고 느끼지 않아서 효과도 좋아요.

⑤ 레벨 5 신체 단서

직접 신체 일부나 전체를 잡고 함께하는 단서입니다. 지시하기처럼 딱딱해질 수 있으므로, 아직 스스로 하기 힘든 행동을 할 때 활용해야 합니다. 가끔은 역할을 바꾸는 상황극을 해요. 아이가 부모의 신체를 잡고 바르게 행동하도록 도와요. 예를 들어 "형, 어떻게 하면 바르게 양치질할 수 있어? 도와줘."라고 부모가 아이 목소리로 역할 놀이를 해요. 그러면 아이가 부모를 돕고 스스로 무엇을 해야 할지 생각해 볼 수 있어요.

부정적인 결과 처리하기

'학습된 무기력'이란 말을 아시나요? 이와 관련된 유명한 실험이 있습니다. 천장에 바나나를 매달아 놓고 원숭이 무리를 우리에 넣어요. 바나나를 먹으려고 원숭이가 줄을 타고 올라가면 천장에서 찬물이 쏟아집니다. 원숭이 무리는 여러 번 시도하지만 결국 찬물에 지고 말죠. 그 뒤로 아무도 천장에 관심을 가지지 않아요. 다음 단계에는 찬물이 나오지 않게 기계를 조정하고 새로운 원숭이를 넣어요. 어떤 일이 벌어질까요? 나머지 원숭이들이 새로운 원숭이가 줄을 타고 올라가지 못하도록 막아요. 아무리 해도 안 된다고 믿기 때문이에요. '학습된 무기력'은 바로 이런 현상을 말해요. 즉, 계속되는 실패로 인해 '나는 무엇을 해도 안 되는 사람'이라고 여기게 되는 것을 말하죠. 주의력 결핍이 감각의 어려움으로 인해 학습 기회를 차단한다면, 학습된 무기력은 심리적 어려움으로 학습 기회를 차단해요. 다양하게 배우는 아이가 가질 수 있는 가장 흔한 짐이 바로 학습된 무기력이에요. 계속 혼나고 실패를 거듭하게 되니, 부정적인 결과를 처리하기가 어려워집니다. 제가 학교를 옮길 때마다 무기력의 사슬에 사로잡힌 아이를 만나곤 해요. 사슬을 끊기 위해서는 6개월 이상의 노력이 필요할 정도로 누적된 부정적 인식은 고치기 힘듭니다.

어떻게 하면 학습된 무기력을 없앨 수 있을까요? 첫째, 긍정적인 모델을 제시해야 해요. 모델에는 행동과 언어가 함께 있어야 합니다. 평소에는 가정에서 긍정적인 모델을 보여 줄 사건이 적어요. 이때는 짧은 시간 성공과 실패를 경험하는 보드게임을 추천해요. 특히 운에 의해서 결정되는 보드게임(예: 얼음 깨기, 뱀 사다리, 해적 룰렛 등 복불복 보드게임)을 하면 아이도 적당히 이길 기회가 생겨요. 부모는 질 때마다 긍정적인 말과 행동을 모델로 보여 주세요. 아이가 보드게임에 흥미를 느낄 수 있도록 티 나지 않게 승리를 넘겨 주는 것도 좋아요. 성공은 축하하고, 실패는 격려하고, 열심히 참여한 행동은 지지해야 해요. 주의할 점은 실패를 처리하는 행동을 배우더라도 초반에는 성공과 실패 중 성공의 비중이 커야 합니다.

둘째, 실패를 허용하는 분위기를 만들어요. 이때 '노력'과 '시도'에 주목해야 해요. 부모가 모델 언어를 제시할 수 있어요. 말버릇이 되면 아이는 공부할 때도 쓰게 됩니다.

부모: 실패해도?

아이: 괜찮아.

부모: 틀리면?

아이: 다시 하면 돼.

부모가 "할 수?"라고 선창하면 아이가 "있다!"라고 말하며 둘만의 제스처를 취하기도 해요. 공부가 끝난 뒤에는 "와, 이 문제를 여기까지 풀었다고? 대단하다. 이렇게 생각하다니! 참 멋지네."라고 긍정적인 피드백과 과정을 격려해요. 말은 정신을, 정신은 신체를 지배합니다.

셋째, 아이에게 조금 어려운 도전 문제를 제공해요. 도전만 해도 칭찬이나 강화제를 주세요. 도전 문제의 목표는 문제를 해결하는 게 아니라 시도의 빈도를 높이는 거예요. 도전이 즐겁다는 경험을 깨닫게 하는 것이 중요합니다. 문제의 수준만 적절하다면, 한 문제를 1주일 이상 도전하는 것도 좋은 방법이에요.

부정적인 결과를 처리하는 방법에는 '도움 요청하기, 실패한 결과물 구겨서 휴지통에 농구공처럼 넣기, 칭찬 샤워 받기(잔뜩 칭찬받기), 채점할 때 틀린 문제는 빗금으로 긋지 않고 별표 하기(두 번 틀리면 별표도 2개를 하며 중요한 문제라는 느낌 주기)' 등의 요령이 있어요.

긍정적인 마음을 기르는 놀이 1.

칭찬 물 마시기 놀이

길게 뺀 두루마리 휴지 위에 물컵을 올립니다. 휴지를 감으면 물컵이 함께 당겨져 오고, 끝까지 휴지를 감으면 칭찬 물을 마실 수 있어요.

 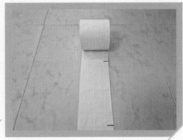

- 준비물: 두루마리 휴지, 물컵, 사인펜
- 놀이 방법

  ① 칭찬할 말을 연습해요. 어떤 말을 해야 할지 모르겠다면 '성격, 식습관, 끈기, 집중력, 협동심, 도전정신, 창의성, 호기심, 정직함, 책임감, 자기표현, 체력, 예의 바름, 독립성, 소통 능력, 배려심' 등에 관해 칭찬하는 말을 떠올려 보세요.

  ② 두루마리 휴지를 20칸으로 길게 빼요. 2칸마다 사인펜으로 살짝 선을 그려서 표시해요. 휴지 끝 칸에 물컵을 놓습니다.

  ③ 시작과 동시에 아이들이 두루마리 휴지를 감아요. 그러면 물컵이 따

라와요.

④ 술래를 맡은 사람은 눈을 가린 채 "나는 할 수 있습니다"를 외치고 뒤를 돌아봐요. '무궁화꽃이 피었습니다' 놀이와 유사해요.

⑤ 술래가 쳐다보면 휴지를 멈춰야 해요. 단, 휴지 2칸을 당겨올 때마다 잠시 멈추고 아이를 칭찬해요.

⑥ 두루마리 휴지를 모두 감으면 칭찬 물을 마시고 슈퍼맨이나 슈퍼우먼 자세를 취해요.

● 활용 팁: 처음에는 화장지를 짧게 빼서 시작하고, 익숙해지면 화장지 칸 수를 늘려서 정기적으로 해 볼 수 있습니다. 물이나 음료 대신 무거운 물건만 끌어서 성공하면 원하는 간식을 주는 형태로 바꿀 수 있어요. 만약 손 조작이 서투르다면 물건에 끈을 묶어서 당기는 활동으로 대체해요.

긍정적인 마음을 기르는 놀이 2.

칭찬 저금하기

칭찬받을 일이 생길 때마다 칭찬의 말을 저금하고 필요할 때마다 꺼내 봅니다.

- 준비물: 상자나 저금통, 메모지, 필기구
- 놀이 방법

  ① 아이가 칭찬받으면 해당 말을 메모지에 기록해요. 쓰기가 어려운 아이는 부모가 대신 써 줍니다.

  ② 메모지를 접어 상자나 저금통에 넣어요. 그리고 매일 3개씩 꺼내 읽어요.

- 활용 팁: 쓰기를 잘하는 아이라면 칭찬 저금통 대신 칭찬 통장을 만들어서 활용해요. 누가, 언제, 어떤 칭찬을 했는지 기록합니다. 아이가 자주 머무는 위치에 칭찬을 쓴 포스트잇을 붙이는 활동도 좋아요. 유리창에 나무나 하트 형태가 되도록 포스트잇을 붙일 수도 있어요.

새로 근무하는 학교에서 5학년 상수를 만났다. 상수는 늘 의욕이 없었다. 책상에 앉으면 엎드리거나 힘겹게 턱을 괴고 앉아 있었다. 충분히 할 수 있는 과제도 포기했고 때론 눈물을 보였다. 상수는 "못해요.", "어려워요."를 입에 달고 있었다. 심각한 학습된 무기력이었다. 학부모와의 상담에서 원인을 알게 되었다. 상수 어머님은 우울증으로 힘든 상황이었고, 상수 아버님은 상수가 실수할 때마다 엄하게 지도하는 편이었다. 상수는 매일 '꾸준히' 혼났다. 상수가 자신감과 의욕을 잃는 게 이상한 일이 아니었다. 전에 근무하던 특수 선생님에게 자세한 일화를 들어보니 4년 내내 무기력한 상태였다고 했다. 어떻게 하면 좋을까 고민하다가 우선 상수에게 두 가지를 해 주기로 했다. 첫째, 지적하거나 혼내지 않기로 했다. 학교도 집과 똑같다고 느끼게 하고 싶지 않았다. 둘째, 학습도움반에 오고 싶게 만들기로 했다. 놀이를 배우면서 그 안에 학습 개념을 녹였다. 침울하던 상수도 놀이 앞에서는 해맑게 웃었다. 부정적인 말을 내뱉던 상수가 "선생님, 오늘은 뭐 해요?"라고 묻기 시작했다. 한 학기 만에 상수는 달라졌고 거부하던 활동지까지 풀게 되었다. 그리고 실패할 때마다 내가 자주 뱉는 말을 따라 했다. "뭐, 그럴 수도 있지. 다시 하면 돼." 그 말이 참 짜릿했다.

기억력을 높이는 스마트한 방법

특수교사는 '방학 고개'를 걱정해요. 방학을 보내고 학교에 오면 배운 내용을 많이 잊기 때문이죠. 참 넘기 어려운 고개입니다. 다양하게 배우는 아이들은 보통 단기기억보다 장기기억에 장점이 있어요. 따라서 장기기억으로 정보를 보내기 위한 노력이 정말 중요해요.

그렇다면 아이의 기억력을 어떻게 하면 높일 수 있을까요? 첫째, 보지 않고 내용을 끄집어내야 합니다. 배운 내용을 말하거나 백지에 글로 표현하면 내가 어디까지 아는지 알 수 있어요. 이는 복습에 해당하고 초인지와도 연결돼요. 말로 표현할 때는 마치 선생님이 설명하듯이 이야기해요. 글로 표현할 때는 내용을 보지 않고 생각나는 모든 것을 기록한 뒤에 나머지 공백을 채우면 좋아요.

둘째, 정보는 하루에 2~3개만 기록합니다. 기록정보과학전문대학원의 김익한 교수는 기억을 위한 기록에 대해 이렇게 말했어요. "핵심 내용을 적게 기록할수록 기억을 더 잘할 수 있습니다. 따라서 매일 1권으로 된 기억 노트에 두세 가지 내용만 기록합니다." 오히려 많은 내용을 적을수록 머리에 넣을 수 없어요. 다양하게 배우는 아이가 반드시 알아야 하는 내용을 매일 3개씩 간직한다면 강한 경쟁력을 갖게 될 거예요.

셋째, 기억할 내용은 자기 전에 꼭 확인하고 잡니다. 아이가 스스로 하지 못하면 자기 전에 기억할 내용을 부모가 읽어 주세요. 기억할 내용이 교과일 수도 있고 바른 행동, 익혀야 할 습관(예: 높임말)일 수도 있어요. 잠을 자면 머릿속 정보는 정리되어 장기기억으로 넘어가요. 만약 바쁜 날이라서 정보를 챙겨 줄 수 없다면 아이에게 사랑이나 격려의 말을 해도 좋아요.

넷째, 시각화하여 기억합니다. 비주얼씽킹 활동을 하면 기억에 도움이 돼요. 문장보다는 낱말과 그림을 함께 기록하면 좋습니다. 한눈에 보기가 쉽고 이해도 쉬워요. 다만, 아이들은 그림이 의미하는 내용을 잊을 수 있으니 기록한 정보는 자주 보여 주세요. 마찬가지로 백지 노트에 쓰듯이 간략하게 그리면서 내용을 얼마나 기억하는지 점검할 수 있어요.

다섯째, 라이트너 박스를 활용합니다. 보통 낱말 익히기를 할 때 많이 사용하는 방법이에요. 준비물은 5칸으로 나뉜 작은 상자를 이용해요. 다이소에 가면 라이트너 박스처럼 5칸으로 나뉜 플라스틱 통을 팔아요. 만약 구하기 어렵다면 5칸으로 나뉜 도큐먼트 파일이나 L자 파일 5개를 붙여서 사용해요. 5칸으로 구분된 물건이면 다 됩니다.

매일 모든 칸의 카드 내용을 확인해서 알고 있으면 1칸씩 앞으로 옮기고, 기억하지 못하면 카드를 1칸씩 뒤로 옮겨요. 1일 차에는 낱말 카드를 익힌 뒤에 첫 번째 상자에 넣어요. 2일 차에는 첫 번째 상자 속 내용을 기억하여 쓰거나 말해요. 맞게 표현하면 두 번째 상자로 낱말 카드를 옮기고 틀렸다면 첫 번째 상자에 그대로 두어요. 3일 차에는 첫 번째 상자의 내용을 알고 있으면 두 번째 상자로, 두 번째 상자 속 카드 내용을 알고 있으면 세 번째 상자로 옮겨요. 물론 두 번째 상자 속 내용을 모르면 카드를 첫 번째 상자로 옮겨요. 다음 단계로 올라가거나 떨어진 카드는 그날 또 옮기지 않아요. 그렇게 오르락내리락 내용을 기억하는 활동이에요. 최종적으로 다섯 번째 상자에 있는 카드를 기억하면 별도로 보관하고 한 달 뒤에 다시 첫 번째 상자에 넣어요.

이때 다양하게 배우는 아이들은 다음을 주의해야 합니다. 먼저 라이트너 박스에 있는 카드 수는 하루에 3개 이하로 넣되 첫 번째 상자의 카드 수는 7개를 넘지 않도록 해야 해요. 또 영역을 나누면 좋아요. 라이트너 박스에 쓰기 좋은 내용은 낱말과 뜻, 받아쓰기에서 자주 틀리는 내용, 수학 문제나 공식, 자주 틀리는 문제, 구구단 등이에요. 1개의 라이트너 박스에 둘 이상의 영역을 넣게 된다면, 카드의 색이나 표시를 다르게 해 주세요. 아니면 2개 이상의 라이트너 박스를 활용하는 게 더 좋습니다.

기억력을 높이는 놀이 1.

도안

시장에 가면

기존에 알고 있는 '시장에 가면' 놀이를 좀 더 쉽게 즐길 수 있습니다.

- 준비물: 과일, 채소, 생선 등 시장에 파는 물건 그림 카드
- 놀이 방법

　①그림 카드를 전부 뒤집은 상태로 바닥에 배열해요.

　②'시장에 가면' 노래를 부르며(예: "시장에 가면~ 오이도 있고~") 그림 카
　 드 하나를 뒤집어요. 다음으로 카드는 다시 전부 뒤집은 상태로 두
　 어요.

　③다음 사람이 처음 뒤집은 시장 카드와 다음 시장 카드를 뒤집으며
　 말해요(예: "시장에 가면~ 오이도 있고~ 사과도 있고~"). 카드는 다시 전
　 부 뒤집어요.

　④계속 번갈아 가며 놀이를 이어 가요. 몇 번까지 성공할지 공동의 목

표를 정해서 달성하면 성공합니다.

- 활용 팁: 시장에 가면 놀이에 익숙해졌다면 글자 카드로 바꾸어 도전해요(예: "겹받침 나라에 가면~ 닭도 있고~"). 이 놀이는 카드 없이도 온 가족이 즐길 수 있어요. 가족여행을 갈 때 그 장소와 어울리는 소재로 즐기기를 추천해요.

기억력을 높이는 놀이 2.

겹겹이 감추기

덮은 순서를 기억하는 놀이입니다. 이전 물건을 완전히 덮지 않아도 괜찮아요. 조금이라도 덮을 수 있으면 됩니다.

- 준비물: 덮거나 감출 수 있는 물건들 7~9개(성인 옷, 아이 옷, 공책, 방석, 수건, 휴지 1장, 양말 등)
- 놀이 방법

① A가 가장 작은 물건 하나(예: 휴지 1장)를 놓아요. 이때 "휴지!"라고 외

쳐야 해요.

② 그러면 B가 휴지를 덮을 수 있는 물건 하나(예: 양말)를 놓아요. 그리
고 "휴지, 양말!"이라고 외쳐야 해요.

③ 이어서 C가 양말 위에 물건(예: 수건)을 하나 덮어 두어요. C는 "휴지,
양말, 수건!"이라고 외쳐야 해요. 틀린다면 1~2회의 기회를 더 줍니다.

④ 가지고 있는 물건을 모두 사용했다면 차례를 정하고 물건을 하나씩
치우며 다음 물건은 무엇이 나올지 말해요. A가 "담요를 치우면 베
개가 나오지."라고 말하면서 담요를 치워요. B가 "베개를 치우면 방
석이 나오지."라고 말하면서 베개를 치워요. 이런 식으로 모두 해결
하면 공동의 승리입니다.

● 활용 팁: 처음 시도할 때는 3개부터 시작해서 점차 물건의 개수를 늘려
요. 몇 번 놀이를 한 뒤에는 아이에게 새로운 물건을 가져오도록 해요.
처음에는 평평한 물건을 쓰지만, 나중에는 다양한 물건을 사용해서 산
처럼 볼록 튀어나온 형태의 놀이가 돼요. 엉뚱한 물건(예: 냄비, 인형, 사
과 등)을 활용할수록 재미는 커져요. 단, 이전 물건을 일부라도 가릴 수
있어야 해요.

기억력을 높이는 놀이 3.

놀이

양말 착용 놀이

양말을 다양하게 사용하는 재미있는 활동입니다.

도안

순서를 기억하여 모든 양말을 바르게 사용하면 성공입니다.

- 준비물: 다수의 양말, 위치 카드

- 놀이 방법

① 위치 카드를 섞은 뒤에 뒤집은 상태로 놓아요. 1단계는 카드 3장, 2단계는 카드 4장, 3단계는 카드 5장 등 단계마다 위치 카드 1장을 추가해요.

② 1단계라면 A는 카드 3장을 뒤집고 카드의 이미지 순서대로 해당 위치에 양말을 착용해요(예: 귀, 발, 손 순서로 양말 끼우기). 이때 카드는 A만 봅니다.

③ 이제는 B의 차례예요. A가 보여 준 순서대로 양말을 똑같이 끼워요. 똑같은 순서로 양말을 착용했다면 10점을 얻어요. 하나 틀릴 때마다 1점씩 감점해요.

④ 이제 B가 보여 주는 역할이에요. 1단계를 무사히 끝냈으니 이제 2단계를 실행할 차례예요. B는 카드 4장을 뒤집고 순서대로 해당 위치에 양말을 착용해요. 주머니 그림은 주머니에 양말을 넣고, 머리 그

림은 머리 위에 양말을 올려요.

⑤ 단계별로 7점 이상을 받으면 다음 단계로 넘어가요. 정한 단계까지 성공하면 공동 승리예요.

● 활용 팁: 난도를 주려면 양말을 착용한 곳에 한 번 더 착용할 수 있도록 해요. 양말을 벗는 활동 카드까지 추가하면 놀이가 더 흥미진진해집니다.

생각을 지배하는 메타인지의 힘

　메타인지는 '자기 생각에 대한 생각', '인지의 인지', '자신이 아는 것과 모르는 것을 아는 능력'이라고 불립니다. 내가 어떻게 생각하고 학습하고 있는지를 이해하고 조절하는 능력이지요. 메타인지는 나만의 거울을 가진 것과 비슷해요. 거울은 나를 보기 위한 수단입니다. 내 얼굴에 무엇이 묻었는지 어떤 표정을 짓고 있는지 알려면 거울이 있어야 해요. 안타깝게도 다양하게 배우는 아이들은 거울(메타인지)을 자주 보지 않아요. '왜', '어떻게'와 관련된 고차원적인 질문을 던지고 답을 찾아야 하지만, 아이들에게는 낯선 경험이에요.

메타인지가 부족할 때 나타나는 일

메타인지가 부족하면 어떤 일이 생길까요? 아이가 교실에서 흔히 겪는 일을 예시로 정리해 보겠습니다.

① 시간 관리의 어려움: 만복이는 수업 종이 쳤는데 들어오지 않고 운동장에서 곤충을 가지고 놀아요.

② 스트레스 관리의 어려움: 교사가 곤충을 놓아주고 교실로 가자고 하자 울음을 터뜨려요.

③ 감정 조절의 어려움: 교실에 와서도 30분이 넘도록 울음을 그치지 못해요.

④ 학습 수준 파악의 어려움: 수준에 맞는 활동지를 제공해도 어렵다고 거부해요.

⑤ 적절한 전략 선택의 어려움: 한 문제를 알려 주자 같은 방법으로만 문제를 풀어요.

⑥ 신중하지 않은 결정: 활동지를 받은 지 1분도 안 되었는데 벌써 다 풀었다고 해요.

컬럼비아대학교 심리학과 리사 손 교수는 메타인지를 두 가지 핵심전략으로 나누었어요. 첫 번째는 스스로 평가하는 모니터링 전략입니다. 자기 지식의 양과 질을 스스로 평가해요. 여기서 내가 아는 것과 모르는 것을 판단해요. 한마디로 자신을 객관적으로 보는 능력이에요. '나는 수학보다 국어를 어려워한다', '나는 수학 중에서 연산에 강점이 있다', '이 문제는 풀었지만 아직 정확히 모른다', '이 단어의 뜻을 잘 모른다'와 같이 나에 관해 깨닫게 도와줘요. 마찬가지로 다양하게 배우는 아이들에게 아는 것을 분명하게 인지시키고, 가볍게 도와줘서 해결하는 단계(아는 것과 모르는 것이 섞인 영역)를 경험시켜야 해요.

두 번째는 컨트롤 전략입니다. 자기 평가를 기반으로 나를 조절할 수 있어요. 자기 조절 능력으로 학습 과정을 통제하는 것이지요. 컨트롤 전략은 계획, 실천 그리고 조절 과정이 핵심 요소예요. 리사 손 교수와 아주대 심리학과 팀은 고등학생을 대상으로 메타인지 실험을 했어요. 컴퓨터 화면에 관련이 없는 단어 쌍 50개를 읽고 외우도록 했답니다. 그 후 A팀은 반복해서 다시 읽었어요. 재학습 즉, 우리가 잘 아는 복습을 한 셈이죠. B팀은 퀴즈를 풀 듯이 셀프 테스트를 했어요. 학생들은 재학습이 더 높은 점수가 나올 거라고 예상했지만, 연구 결과는 셀프 테스트가 10점이나 더 높게 나왔어요. 재학습은 자신이 알고 있다고 착각하게 만들어요. 다시 보기만 하면 되니 셀프 테스트보다 쉽지요. 쉽게 배우고 쉽게 잊습니다.

메타인지를 기르는 방법
· · · · · · · · · · · · · · · · · ·

현재 우리의 학습법은 재학습에 그치기 일쑤예요. 수업도 마찬가지에요. 수업을 들으면 내가 다 안다는 착각에 빠지기 쉽습니다. 어떻게 하면 아이들이 메타인지를 기를 수 있을까요?

① 백지 쓰기를 생활화합니다. 학습한 후에는 배운 내용을 반드시 백지에 쓰도록 해요. 아이가 어려워한다면 일부 빈칸을 채우는 활동을 해도 좋아요.

② 다른 사람을 가르치도록 합니다. 가르치려면 알고 있는 내용을 설명해야 해요. 그 과정에서 내가 모르는 것과 아는 것을 알게 되니 공부가 됩니다. 말로만 하기 어려울 수 있으니, 종이나 화이트보드에 쓰면서 하는 걸 추천해요.

③ 나를 알아야 합니다. 스마트폰 녹음이 가능하다면 자신이 한 말을 녹음해서 다시 들어보고 수정해요. 그림책을 읽고 녹음한 내용을 다시 들어요. 처음부터 그림책 전부를 읽으면 부담이 되니 아이가 가장 재미있다고 생각하는 페이지만 읽어요. 읽기 연습 후에 녹음하면서 다시 읽습니다. 자기 의견을 발표할 때도 녹음하면 도움이 돼요. 녹음한 목소리를 듣는 과정에서 내 생각을 더 명확히 알고 정리할 수 있어요.

또한 나를 잘 안다는 것은 나의 장·단점, 좋아하는 것, 싫어하는 것을 알고 있다는 뜻이기도 해요. 기록한 활동지는 매달 누적하면 소중한 자료가 된답니다. 일기 역시 나를 더 잘 알기 위한 좋은 도구예요. 처음부터 긴 글을 쓰기 어렵기 때문에 '한 문장 쓰기'부터 합니다.

④ 배움 공책을 단권화합니다. 국어면 국어, 수학이면 수학의 배운 내

용을 파악하고 누적해요. 내가 아는 것이 90% 이상 될 때까지 반복적으로 테스트해요. 계속 틀리는 유형의 문제가 있다면 복사해서 자주 풀어요.

⑤ 그림책을 활용합니다. 그림책 읽기는 메타인지를 기를 수 있는 좋은 방법이에요. 한 페이지씩 천천히 보고 그림 속 정보에 관한 이야기를 나누어요. 처음에는 보면서 대화를 나누다가, 나중에는 단서를 가린 뒤 아이가 기억하는 정보를 활용해요. 질문으로 바꾸는 활동도 진행할 수 있어요. 한 페이지에서 핵심 문장을 읽은 뒤에 질문으로 바꿔 봅니다. 예를 들어 '엘리스는 물약을 먹자, 개미만큼 작아졌어요'라는 문장을 읽었다면 "엘리스는 무엇을 먹자, 개미만큼 작아졌을까요?", "누가 물약을 먹자, 개미만큼 작아졌어요?", "엘리스는 물약을 먹자 어떻게 됐나요?" 등의 여러 질문을 만들 수 있어요. 아이가 질문을 만들지 못하면 부모가 만들고, 아이는 다시 질문을 따라 말하며 답을 찾아요. 만약 아이가 아직 글을 제대로 읽지 못한다면 부모와 같이 글자에 손가락을 대고 따라 읽으면 좋아요. 이때는 부모와 아이가 질문과 답을 함께 찾아가요.

메타인지를 높이는 놀이 1.

무엇이 달라졌게?

5개 정도의 물건을 배치한 뒤에 아이가 달라진 점을 찾는 놀이 활동입니다.

기존의 정보를 알고 있다면 달라진 점을 쉽게 찾을 수 있어요.

- 준비물: 1인당 생활 속 물건 5개 내외
- 놀이 방법

① 모자, 안경, 장난감, 뚜껑 있는 냄비, 겉옷 등의 다양한 물건을 준비해요.

② 아이와 부모는 마주 보고 앉고, 물건을 자기 앞에 둡니다. 그리고 관찰자 역할을 할 사람을 정해요.

③ 아이(관찰자)는 현재 배치된 물건을 10초 동안 유심히 봅니다. 그리고 뒤돌아 10초를 세요.

④ 이때 부모는 물건 중 하나만 위치를 바꿔요. 10초 후 아이는 뒤돌

아서 달라진 정보를 찾아요. 예를 들어 부모가 안경을 냄비 속에 두었다면, 아이는 안경을 가리켜요.

⑤ 이번에는 부모가 관찰자가 되고, 아이는 물건의 배치를 바꾸는 역할을 해요. 순서 ②부터 같은 과정을 밟아요.

- 활용 팁: 아이가 놀이에 적응하면 바꾸는 물건의 개수를 늘리거나 좀 더 다양한 곳에 배치하는 식으로 응용할 수 있어요. 중간중간 엉뚱한 곳에 물건을 배치하면, 놀이가 더 즐거워집니다. 아이는 귀에 끼운 펜, 입에 문 숟가락, 콧구멍에 넣은 휴지, 비스듬히 쓴 안경, 발가락에 끼운 지우개 등을 좋아해요.

메타인지를 높이는 놀이 2.

놀이

같은 캠 찾기

도안

같은 조건의 카드를 찾는 놀이로,

최종 1인이 남을 때까지 하는 기억 게임입니다.

- 준비물: 같은 점 찾기 카드
- 놀이 방법
  ① 카드를 섞은 뒤, 뒤집어 3×4로 배열해요. 별도로 내 앞에 카드 2장을 둡니다. 내 카드는 세 번만 볼 수 있어요. 이제 게임을 할 순번을 정해요.
  ② 모르는 카드를 1장 뒤집고, 내 카드를 뒤집어서 공통된 짝을 찾아요. 예를 들어 '해변 배경'의 코끼리를 뒤집었다면 내 카드 중 '해변 배경'의 판다를 뒤집어요. 해변이라는 배경의 짝이 맞으므로 통과입니다. 내 카드를 아끼면서 모르는 카드 2장만 뒤집어 공통된 부분을 찾을 수도 있어요.
  ③ 만약 두 카드가 아무런 짝이 맞지 않는다면 다음 사람의 차례예요. 예를 들어 해변 배경의 판다와 빙하 배경의 사자는 공통점이 없어요.
  ④ 가장 많이 맞춘 사람이 승리합니다.
- 활용 팁: 다양한 그림 카드(예: 동물이 여러 마리 그려진 카드)를 추가할 수 있어요. 게임 난도를 높이려면 자기 카드 2장을 보는 행동을 게임 시작 전에만 해요. 아이는 계속 카드의 정보를 기억하려고 노력하게 돼요. 협력 게임을 하려면 함께 목표로 한 카드 수까지 힘을 모아 맞추도록 합니다.

어떤 그림일까요?

한 사람이 사진에 관해 설명하면

나머지 사람이 그림을 그려서 맞춥니다.

- 준비물: 다양한 사진들, 빈 노트나 도화지, 필기구

- 놀이 방법

  ① 한 사람만 사진을 보고, 나머지 사람들에게 어떤 사진인지 설명해요.

  ② 설명을 들은 사람들은 특징을 살려서 그림으로 그려요.

  ③ 사진의 세 가지 특징을 모두 살려서 그리면 3점을 얻어요. 2개는 2점, 1개는 1점이에요.

  ④ 애매한 특징은 다수가 엄지를 들고 결정해요. 예를 들어 "도준이 그림에 3점을 줄까요?"라고 말한 뒤에 엄지를 위로 들거나 아래로 내려요. 위로 향한 엄지의 수가 많아야 해당 점수를 줍니다. 만약 아이와 둘이 한다면, 엄지를 위로 든 다음에 주사위를 던지고, 엄지

를 아래로 한 다음에 주사위를 던져요. 그중 큰 수로 결정합니다.

● 활용 팁: 사진은 무료 이미지가 많은 픽사베이(https://pixabay.com)를 이용해요. 특히 아이들이 좋아하는 간식을 검색하면 흥미로운 이미지를 얻을 수 있어요. 다른 활동도 가능해요. 이미지를 인쇄한 뒤 보지 않은 상태에서 이마에 대요. 나머지 사람들은 이미지에 나온 물건을 설명해요. 물론 이때는 물건의 이름을 알려 주면 안 돼요. 이미지를 이마에 댄 사람이 물건을 맞춥니다.

잠든 창의력을 깨우는 방법

다양한 배우는 아이에게 가장 취약한 부분은 바로 창의력입니다. 이는 인풋(input)과 아웃풋(output) 모두에서 문제로 나타나요. 대체로 다양하게 배우는 아이들은 기초적인 수준의 학습이 부족한 경우가 많은데, 그러다 보니 지식 위주의 학습을 강조하게 돼요. 그래서 창의적인 정보를 경험하기 힘든 인풋의 문제가 생깁니다. 아웃풋 역시 마찬가지예요. 아이는 창의성을 발휘할 기회가 적고, 표현하고 싶어도 높은 수준이라서 도전하기 어려워요.

그렇다면 창의력이란 특별한 사람만 있는 걸까요? 장애와 별개로 창의력을 발휘한 인물은 많아요. 자폐 스펙트럼 장애가 있지만 자기의 장점을 살린 동물학자 템플 그랜딘(Temple Grandin) 교수는 소의 스트레스를 줄이는 가축 관리 시스템을 만들었어요. 난독증 때문에 철자의 순서를 제대

252

로 구분하지 못하고 팬의 이름조차 바르게 읽을 수 없다는 톰 홀랜드(Tom Holland)는 뛰어난 연기를 펼치는 배우예요. 스파이더맨 연기로 유명하죠. 아스퍼거 증후군과 상관없이 환경운동가로 세계에 영향력을 끼치는 그레타 툰베리(Greta Thunberg)도 있어요. 창의력을 어떻게 발달시킬 수 있을지 네 가지 요소를 통해 이야기해 보겠습니다.

1. 유창성

유창성은 창의적 사고 과정에서 얼마나 많은 아이디어를, 얼마나 빨리 낼 수 있는지와 관련된 능력이에요. 예를 들어 학급 시간에 환경보호를 위한 아이디어를 발표한다면 1분 동안 다양한 방법을 이야기하는 것이 유창성이지요. 유창성을 기르기 좋은 수단은 장난감이에요. 보통 아이들은 장난감을 한 가지 방법으로 놀기 때문에 부모가 다른 방법으로 논다면 좋은 유창성 경험이 돼요. 장난감을 팽이처럼 돌리기, 역할극에 활용하기, 물감 찍는 도구로 쓰기, 대고 그리기, 올록볼록한 무늬에 종이를 대고 연필로 칠하기(프로타주 미술기법) 등 다양한 경험을 줄 수 있어요.

기존 물건도 다른 용도로 쓰면 생각이 확장돼요. 종이컵 전화기, 종이컵 타워 쌓기, 종이컵 인형 만들기, 종이컵 비행기 날리기, 종이컵 바람개비, 종이컵 로봇팔 등 종이컵 하나만으로도 여러 가지 활동이 가능해요. 풍선 배구, 풍선 대포, 풍선 제기, 풍선 로켓, 풍선 오뚝이, 풍선 스트레스볼 등 풍선도 다양한 활동이 가능하고요.

개념에 관한 다양한 하위개념을 말하는 습관도 유창성을 기르는 데 도움이 돼요. 예를 들어, '봄'이라고 하면 '벚꽃, 개구리, 새싹, 나비, 봄바람' 등을 연상해요. 여러 하위개념을 상위개념과 연결 지어 두면, 나중에 자연스럽게 다른 개념과도 이어져 창의력에 도움이 됩니다.

2. 융통성

문제나 상황을 다양한 시선으로 새롭게 접근하는 유연성과 관련된 능력이에요. 예를 들어 볶음밥 요리를 할 때 당근과 양파 대신 파프리카, 애호박을 넣을 수 있어야 해요. 누구나 변화는 달갑지 않아요. 아이들도 마찬가지지만 정해진 패턴과 규칙을 강도 높게 추구하는 아이도 있답니다. 큰 흐름은 유지하여 안정감을 주되, 작은 흐름은 변화를 주어 융통성을 경험하도록 해야 해요.

몇 년 전부터 제 교실에는 지정석이 없어요. 매주 다양한 규칙(예: 뽑기, 주사위 굴리기 등)에 따라 새롭게 정한 자리에 앉도록 합니다. 자기 자리를 고집하는 아이도 있었지만, 이제는 변화에 익숙해져서 자리를 옮기곤 해요. 물론 심각하게 거부하는 아이는 스트레스가 심하니 예외로 둬야 하지만요.

그래도 변화를 경험할 때 '그럴 수도 있다'는 생각을 가지도록 가정에서도 작은 변화를 주었으면 해요. 부모와 아이의 역할을 바꾸어 보기, 엉뚱한 방법으로 문제 해결하기, 아이의 의견대로 저녁 메뉴 정하기, 수저 대신 포크로 먹기, 보드게임의 규칙 바꾸기, 오전과 오후의 일정 바꾸기, 방 바꾸기, 집에서 식사하는 장소 바꾸기 등의 다양한 변화를 아이가 경험했으면 합니다.

3. 정교성

기존에 있던 아이디어를 좀 더 발전시키고 구체화하며 확장하는 능력이에요. 아이에게는 어떻게 적용할까요? 아이가 가장 좋아하는 음식을 설명하거나 그리도록 해요. 아이가 쓰는 말이나 그림책 속 낱말의 뜻을 더 자세히 배울 수 있어요. 예를 들어 "흥미진진하다고 했는데 그게 무슨 뜻이야?"와 같이 물어봅니다. 평소에 쓰던 말 대신 같은 의미의 다른 말로 바꿀 수도 있어요. "맛이 없어!"라고 아이가 말하면 "고춧가루가 들어가서 매웠구나?"라고 말해요. "심심해!"라고 하면 "지루해?"라고 되물어주면서 말을 바꿀 수 있어요.

4. 독창성

기존 내용과 구별되는 새로운 접근법이나 독특한 생각을 해내는 능력이에요. 깨끗한 물을 위해 멀리까지 가야 하는 아프리카 아이들을 위해 바퀴처럼 굴리는 물통을 개발하는 게 독창성이랍니다. 독창성을 높이기 위해서는 새로운 경험(여행, 체험 학습, 독서, 친구들과의 대화 등)을 많이 하면 좋아요. 자유로운 생각을 기록하는 일기 쓰기도 좋고, 두 가지 분야를 교차해서 배우는 경험도 추천해요. 그림책 2권을 읽고 공통점과 차이점을 찾는 활동을 하거나 스마트폰을 주고 아이의 시선에서 다양한 사진을 찍어보도록 해요. A4 종이로 만든 그림책으로 전시회를 열거나 악기가 아닌 물건을 타악기로 활용해 봅니다.

도안

창의력을 높이는 놀이 1.

느낌 표현하기

여행, 독서, 영상 감상, 식사 등의 경험을 한 뒤에

사진을 보며 내 생각을 표현합니다.

- 준비물: 느낌 표현하기 활동지

- 놀이 방법

① 아이와 새로운 경험을 한 뒤에 느낌 표현하기 활동지를 꺼내요.

② 부모가 먼저 시범을 보여요. 경험한 내용과 이미지를 연결 지어서 감정이나 생각을 표현해요. 예를 들어 아이스크림을 먹은 뒤 하늘을 나는 새 이미지를 짚으며, "아빠는 아이스크림이 좋아서 새 부리로 콕콕 찍어 아껴먹고 싶은 마음이야."라고 말해요.

③ 모든 참가자가 각각 1회씩 연결 짓기에 성공하면 공동 승리예요. 점차 횟수를 늘려 주면 좋아요.

● 활용 팁: 이미지로 표현하는 게임은 정리 활동이나 지금의 감정을 나타낼 때 사용하면 좋아요. 부모는 되도록 특이한 사진을 고르고, 아이가 할 때는 쉬운 사진을 선택할 수 있도록 해요. 다양한 사진을 A4 크기의 종이에 편집해서, 우리 가족만의 느낌 표현하기 활동지를 만들 수도 있어요. 또는 휴대폰에 다양한 이미지를 모아두면 휴대하기 편해요. 랜덤으로 이미지를 고른 뒤에 경험을 해석하는 활동도 재미있어요. 예를 들어 녹는 아이스크림 사진을 임의로 고르고, 오늘 혼났던 기억과 연결 지어 이미지를 해석할 수 있어요.

창의력을 높이는 놀이 2.

스토리텔링 하기

집 안에 있는 물건을 모은 뒤에 물건의 특징을 살려
참가자 전원이 릴레이 이야기를 펼칩니다.

● 준비물: 다양한 물건

- 놀이 방법

① 집 안에 있는 다양한 물건을 모아요. 처음에는 물건이 5개를 넘지 않도록 해요.

② 부모가 먼저 물건을 하나 들며 이야기를 지어요. 물건에 다른 이미지를 부여하는 것이지요. 동물, 교통수단, 건물, 음식 등을 상상해요. 예를 들어 주전자를 보면서 "옛날 옛적에 코가 짧은 코끼리가 살았어요."라고 하며 이야기를 만들 수 있어요.

③ 아이가 이어서 이야기를 지어요. 혼자 하기 어려워한다면 물건 고르기, 다른 이미지 부여하기, 물건의 감정 정하기의 단계로 도와주세요. 예를 들어 "종이컵을 골랐어? 종이컵은 하마라지? 하마는 아주 슬펐대. 왜 슬펐을까?"라고 질문을 던질 수 있어요.

④ 모든 물건을 이용하여 이야기를 완성했다면 모두의 승리예요.

- 활용 팁: 이야기를 짓기 전에 각 물건을 이용하여 자기소개 인형극을 하면 아이의 스토리텔링에 도움이 돼요. 예를 들어 젓가락을 들며 "안녕, 나는 목이 긴 기린이야." 하고 말하는 것이지요.

창의력을 높이는 놀이 3.
• •

A4 종이 놀이
제시한 낱말을 듣고 해당 물건의 특징을 생각하며
A4 종이로 만드는 활동입니다.

- 준비물: A4 종이, 테이프, 풀, 가위
- 놀이 방법

① 참가자 모두가 A4 종이를 1장씩 받아요. 그리고 1명씩 돌아가며 생각나는 물건을 이야기해요. 그러면 옆 사람은 해당 물건을 만들어야 해요.

② A4 종이를 자르거나 구기거나 접거나 붙여서 해당 물건을 만들어요. 주의할 점은 세 가지예요. 첫째, 그림으로 그리는 활동은 하지 않아요. 둘째, 종이 1장으로 최대한 많은 물건을 만들어야 하므로, 종이는 최대한 아껴야 해요. 셋째, 물건의 특징을 갖추고 있어야 해요.

③ 모두가 물건을 만들었다면 다시 참가자 전원이 새로운 물건 이름을 말한 뒤, 남은 종이로 물건을 만들어요. 자신이 가진 종이가 모두 사라지면 다른 사람의 종이를 일부 빌려서 참여할 수 있어요. 정한 수만큼 물건을 만들면 모두의 승리예요.

- 활용 팁: 처음에는 자주 사용하는 물건을 위주로 만들어요. 익숙해지면 자주 사용하지 않는 물건도 만들고 더 나아가 추상적인 표현(예: 사랑, 우정 등)도 종이로 나타내요.

2장 ✦⁂

국어가
쉬워지는
기초
다지기

듣기와 말하기

국어 교과 이해하기

안타깝게도 다양하게 배우는 아이들은 국어 능력이 부족해서 다른 교과 역시 따라가기 힘들어요. 지문을 읽어 주면 이해하고 풀 수 있지만 혼자 읽으면 내용을 이해하기 어려운 아이, 글은 쓸 수 있지만 자기 생각을 말하기가 힘든 아이, 발표는 멋지게 할 수 있지만 질문을 이해하기 힘겨운 아이, 기능적인 읽기와 쓰기는 할 수 있지만 학습에 활용하지 않는 아이, 사회성도 좋고 대화도 잘하지만 다른 문제로 인해 읽기와 쓰기가 곤란한 아이 등이 그렇지요.

국어는 모든 교과의 기초가 되는 도구 교과이기 때문에 다른 과목에 큰 영향을 끼칩니다. 아이가 배울 수 있음에도 국어 능력이 부족해서 학습을 포기한다면 정말 속상한 일이 아닐까요? 국어가 모든 학습의 장벽이 되지 않도록 가정과 학교는 지속적이고 집중적인 지원을 제공해야 해요. 개정된 2022 교육과정 속 국어 교과에서 학부모가 알아야 할 부분은 다음과 같아요.

첫째, 개정 교육과정에 맞게 교과서가 바뀌었어요. 따라서 교과서에 수록된 작품(시, 그림책, 소설 등)도 변경되었어요. 예전에 수록된 내용도 보면 좋지만, 새롭게 수록된 작품을 우선해서 읽으면 학습에 도움이 돼요. 인터넷서점이나 포털사이트에서 '2022 수록도서'라고 치면 전집 형태로 구매할 수 있고, 목차를 보면 책 리스트가 있으니 도서관에서 대출도 가능해요.

둘째, 한글 교육이 강화되었어요. 1, 2학년 군이 482시간 동안 국어를 배우게 되었어요. 기존보다 34시간이 늘어나서 한글과 기초 문해력에 더 많은 시간을 할애할 수 있어요. 그만큼 한글을 어려워하는 아이들의 목소리가 반영되었다고 생각해요. 그렇다고 학교만 의지하면 안 됩니다. 초반에 제가 적었듯이 예비 1학년과 1~2학년은 한글을 완벽하게 뗀다는 마음으로 가정에서 지도해야 아이의 한국어 실력에 가속이 붙어요.

고학년으로 갈수록 배울 내용이 늘면서 학부모가 한글 교육을 놓거나 포기하는 일이 발생합니다. 기초적인 한글 교육이 되었다고 더 교육하지 않는 학부모도 있고요. 두 경우 모두 한글 교육을 반드시 해야 합니다. 먼저 기초 한글 교육을 중심으로 가르치고, 아이의 실력이 늘어나면 문해력

중심으로 꾸준히 가르쳐야 해요. 그래서 먼저 모든 국어의 기초가 되는 듣기와 말하기에 대해서 점검하도록 하겠습니다.

듣기 영역이 어려운 이유

1926년 랜킨(Rankin)의 연구에 따르면 사람들은 의사소통을 위해 듣기 45%, 말하기 30%, 읽기 16%, 쓰기 9%를 활용한다고 해요. 듣기와 말하기는 의사소통의 75%를 차지하는 만큼 실생활과 밀접하게 관련되어 있어요. 특히 듣기 능력은 언어 기술을 학습하고 이해하는 데 큰 영향을 끼치기 때문에, 다양하게 배우는 아이가 가장 많은 경험을 쌓아야 하는 영역이에요. 듣는 연습을 하지 않으면 학습이 어려워요. 부모가 말할 때 듣지 않는다고 오해하고, 안 듣는 것 같아서 목소리가 커져요. 듣지 않으면 또래와의 상호작용도 어려워요. 다양하게 배우는 아이 입장에서는 난감하고 답답할 겁니다. 아이들은 들을 때 어떤 어려움이 있을까요?

[음성 언어의 이해가 어려운 아이]

① 말 자체를 이해하지 못하는 레벨: 아직 말을 이해하기 어려운 단계로, 단순한 한 문장부터 시작해서 아이의 반응을 이끌어야 해요. 충분히 인식할 수 있도록 천천히 말해 주고 반응을 기다려요. 반응이 없다면 말한 내용을 함께해야 해요. 말과 행동을 연결하는 거죠. 이

어서 한 가지 말을 다양한 상황 속에서 경험하도록 합니다.

② 복잡한 지시나 설명을 이해하지 못하는 레벨: 아이는 청각 정보가 많으면 머리가 복잡해요. "먼저 체육관을 세 바퀴 돌고, 그다음에 2명씩 짝을 지어 줄넘기를 스무 번 해 보세요."라고 하면 체육관 세 바퀴만 알아듣고 이후는 이해하지 못해요. 이럴 때는 정보를 쪼개서 하나씩 알려 주거나 그림 단서, 동작 및 표정 단서로 청각 정보를 보완해야 해요.

③ 여러 명이 말할 때 이해하지 못하는 레벨: 불필요한 소리를 차단하면서 특정 청각 정보에 집중하는 건 쉽지 않아요. 여러 청각 정보를 한꺼번에 받아서 통합하는 것 역시 어려워요. 다양한 상황에서 대화를 나누는 경험을 가지고, 필요한 정보를 찾아 모으는 듣기 훈련을 합니다.

[청각 정보의 처리에 어려움이 있는 아이]

① 들은 내용을 이해하는 데 시간이 걸리는 레벨: 천천히 말을 건네고 3초 이상 기다려 주세요.

② 잘 듣지만, 반응이 어려운 레벨: 대답에 도움이 되는 그림 의사소통판을 활용해요.

③ 순차적인 정보를 처리하는 레벨: 같은 활동을 반복적으로 연습하여 익숙해지도록 해요.

④ 청각 정보를 기억하고 유지하기 어려운 레벨: 노래 부르기, 시장에

가면 놀이(낱말 기억해서 말하기), 전화번호 외우기, 기억할 내용에 음 붙이기 등의 활동을 해요.

⑤ '말'과 '발'과 같은 유사한 발음의 청각 정보를 변별하기 어려운 레벨: 발음이 비슷한 짝꿍 말을 비교해서 듣는 변별 훈련을 해요.

반창고쌤의 교단 일기

향단이가 어제 배운 내용을 이해하지 못해서 기초 개념이 담긴 디딤 영상을 태블릿으로 보여 주었다. 이어폰을 끼고 진지하게 영상을 보는 모습이 대견했다. 나머지 아이들을 가르치고 있는데 향단이가 손을 들었다.

"선생님, 무슨 말인지 모르겠어요."

향단이 수준에 맞는 내용인데 설명이 필요한가 싶어서 다시 한번 개념을 자세히 이야기해 주었다. 향단이는 내용을 끝까지 듣더니 똑 부러지게 대답했다.

"선생님, 이어폰 소리가 너무 작아요."

아, 소리가 너무 작다는 말이었다.

말하기를 꾸준히 배워야 하는 유형

말하기는 듣기를 전제로 하는 구두 의사소통 과정이자 소통의 열쇠입니다. 듣는 것만큼 말하기는 삶의 큰 비중을 차지해요. 말하기를 꾸준히 배워야 하는 아이들은 참 많아요. 2학년인 제 아이 역시 친구 때문에 속상했던 일을 저한테 토로하는데, 횡설수설하는 바람에 무슨 일이 있었는지 모르겠더군요. 언제, 어디서, 무엇을, 어떻게, 왜 그랬는지 묻고 답하는 과정에서 아이의 말이 점점 나아졌어요. 확실히 자녀와의 대화가 많을수록, 부모가 아이의 말하기를 유도할수록 아이는 성장합니다.

저는 보통 다양하게 배우는 아이의 말하기를 세 가지 유형으로 구분해요. 첫째, 말이 거의 없는 유형이 있어요. 기질이나 기능적인 이유로 말을 하지 않는 경우이지요. 심리적인 문제로 말을 거의 하지 않거나 함묵증이나 자폐 성향으로 인해 말하기가 제한적인 경우도 있어요. 이때는 발화나 표현의 기회를 늘리기 위해 노력해요. 표현과 관련된 그림 고르기, 녹음 활용하기, 표현할 수밖에 없는 상황 만들기, 부모가 먼저 묻고 답하기 등 말할 기회를 풍부하게 만들어요.

둘째, 기본형 말하기를 배워야 하는 유형이 있어요. 간단한 정보, 생각, 감정 등의 말하기에 초점을 두고, 사실을 있는 그대로 표현할 수 있어야 해요. 보통 생활과 관련된 말하기를 먼저 습득하지요. 이어서 자기 생각 말하기를 배워야 해요. 이때 유용한 방법이 경험한 내용을 말하는 훈련입니다. 저는 학부모에게 주말에 아이가 겪은 활동사진을 보내 달라고 합니다. 아이가 사진을 보며 경험을 상기하고 표현할 수 있도록 하려고요. '경험-상기-표현'이 꾸준히 이루어져야 해요.

셋째, 소통형 말하기를 배워야 하는 유형이 있어요. 기본적인 말하기는 잘하지만 조리 있게 말하기가 되지 않는 경우, 지나치게 자기중심적으로 독백하듯이 자기 말만 하는 경우가 여기에 해당됩니다. 소통이란 주고받기가 되어야 하므로 대화 규칙과 공감 기술을 배워야 해요. 식사 시간, 책 읽고 난 뒤와 영상을 보고 난 뒤에 대화를 나누는 건 어떨까요?

듣기와 말하기 능력을 높이는 법 ① 노래 활용하기

음성언어(듣기와 말하기)를 잘해야 문자언어(읽기, 쓰기)도 발달할 수 있어요. 어떻게 하면 듣기와 말하기 능력을 높일 수 있을까요?

먼저 노래를 활용하는 방법이 있어요. 듣기와 말하기를 쉽고 재미있게 배우는 방법이 바로 노래예요. 지나치게 많은 노래를 틀기보다는 10곡 이하의 노래를 들려주세요. 아이가 뒤늦게 관심을 가지는 노래도 많으니 자주 접할 수 있도록 해요. 어떤 동요는 어른이 들어도 가사를 정확히 알기 힘들 때도 있으므로, 처음 들려줄 때는 재생속도를 0.7~0.8배속으로 틀어 줍니다. 유튜브라면 재생 속도를 조절하는 설정을 이용하고, 곰플레이어나 팟플레이어 같은 컴퓨터 재생 플레이어에서는 단축키 X와 C로 속도를 조절할 수 있어요. 보통 'X' 단축키를 누르면 0.1배씩 느려지고 'C'를 누르면 0.1배씩 빨라져요. 윈도우 미디어 플레이어의 경우는 마우스 우클릭을 통해서 재생 속도를 설정할 수 있어요. 스마트폰의 경우에도 자체 속도 조절 기능이나 앱을 이용할 수 있고요. 아이가 노래를 흥얼거릴 수 있을 정도가 되면 본격적으로 노래를 배웁니다. 노래를 잘 부른다면 속도를 점차 빠르게 해요.

듣기와 말하기 능력을 높이는 법 ② 시간을 정해서 나누는 가족 대화

매일 일정 시간을 정해서 가족끼리 대화를 나누어요. 별도의 시간을 마련하기 어렵다면 식사 시간을 활용해요. 부모의 말은 보통 훈계로 마무리되곤 하는데, 훈육(아이에게는 잔소리)이나 비판보다는 격려와 공감의 말을 해 주세요. 만약 아이가 자기 경험을 잘 이야기하지 않는 성향이라면 대화 카드나 감정 카드로 감정에 대한 생각과 경험을 나누어요. 그림책이나 무료 이미지 사이트에 있는 사진을 보며 아이와 생각을 공유하는 것도 좋아요. 자연스럽게 대화가 이루어지고 아이의 경험을 들을 수 있어요. 아이의 표현이 적다면 부모가 초등학교 때 겪은 일이나 요즘 겪은 일을 이야기해 줍니다.

듣기와 말하기 능력을 높이는 법 ③ 하브루타 활동

하브루타 활동을 해요. 하브루타는 서로 질문하고 토론하는 활동으로 아이의 표현을 늘릴 수 있는 지도 방법이에요. 다양하게 배우는 아이에게 질문하기는 중요한 경험이자 고차원적인 능력이에요. 따라서 좀 더 쉽게 접근하기 위해 그림책을 활용하면 좋습니다. 그림책 내용과 어울리는 질문을 하고 생각을 나눈다는 느낌으로 진행해요. 핵심 활동은 질문하기와 생각 나누기입니다. 질문하기는 한국인이 가장 어려워하는 부분이에요. 질문할 기회가 적고 질문을 한다고 해도 성공 경험이 적기 때문에 부담스러워 하지요. 따라서 수용적인 질문 환경을 조성하는 게 필요해요. 아이의 질문을 늘리려면 어떻게 해야 할까요? 먼저 좋은 질문과 나쁜 질문을 평가하지 않아야 해요. 아이의 질문은 자발성에서 출발합니다. 교정이 필요하면 부모가 질문이나 답에서 자연스럽게 수정하면 돼요.

아이: (그림책을 보며) 이건 씨가 적어. 근데 수박은 왜 큰 거야?
부모: 맞아. 씨가 작지? 그런데 왜 수박은 클까?

만약에 질문이 주제를 벗어나더라도 아이가 부모보다 더 넓은 관점에서 본다고 생각해야 해요. 그렇게 생각하면 엉뚱한 질문도 주제와 연결 지을 수 있고, 다시 주제로 돌아올 수 있어요.

아이: 누가 오렌지 주스를 먹어요? → 그림책 주제와 벗어난 질문
부모: 아, 소변을 이불에 싼 그림을 보고 주스가 떠올랐구나? → 다른 질문을 주제와 연결 짓기
맞아. 자기 전에 음료수를 많이 마시면 이불에 실수할 수 있지. 그렇다면 여기 이불에 소변을 눈 범인은 누구일까? → 다시 주제 속으로 유도하기

또 질보다 양이 중요해요. 질문의 양이 많아야 질적인 질문으로 넘어갈 수 있어요. 조금 부족하더라도 아이가 다양한 질문을 할 수 있도록 해 주세요. 아이에게 질문이 어렵다면 예시 질문을 통해 비슷한 질문을 만드는 연습을 합니다.

부모: '누가'를 넣어서 퀴즈를 만들어 보자. 누가 쿠키를 먹었나요?
아이: 사자요.
부모: 잘했어요. 이번에는 도준이 차례. 다음 장에 나오는 그림을 보고 '누가'를 넣어서 질문을 만들어 볼까?

'누가, 언제, 어디서, 무엇을, 어떻게, 왜'와 같은 육하원칙 질문을 따라 하면 좀 더 쉬워요. 만약에 아이가 질문에 대답하지 못한다면 부모는 어떻게 해야 할까요? 질문의 유형에 따라 달라요. 첫째, 답이 단순한 닫힌 질문이 있어요. 닫힌 질문은 "양치질했어?"와 같이 예와 아니오를 말하게 되는 질문과 "곤충은 다리가 몇 개인가요?"와 같이 정보를 말하게 되는 질문을 말해요. 이런 질문에는 '질문하기-침묵-단서-대답하기'의 절차를 가지면 됩니다. 아이가 질문에 답할 때까지 침묵을 5초 정도 가진 뒤에 단서를 주세요. 그래도 대답하지 않는다면 부모가 아이의 역할을 하며 대답해요. 보통 질문에 관한 서적을 보면 답이 정해진 닫힌 질문은 해서는 안 되는 나쁜 질문처럼 나오지만 그렇지 않아요. 닫힌 질문은 기초 지식, 정보 수집 능력, 이야기 배경, 사실관계, 아이의 인지 수준 점검, 이야기 줄거리, 인물의 특징, 어휘 인지 정도 등을 파악하는 데 도움이 돼요. 둘째, 정해진 답이 없는 열린 질문이 있어요. 이때는 침묵을 가진 뒤에 '사고 과정 말하기'를 추가해요. '질문하기-침묵-단서-사고 과정 말하기-대답하기'의 절차를 가지는 것이지요. 열린 질문이 아이 수준에 비해 높다면 질문과 대답을 아이가 관찰할 수 있어야 해요. 열린 질문에 대해 함께 사고해 보는 기회를 주는 거예요.

사고 과정 말하기는 왜 중요할까요? 심리학자 레브 비고츠키(Lev Vygotsky)는 '내적 언어'가 개인의 사고 과정에 중요한 역할을 수행한다고 말했어요. 내적 언어는 사고, 의사소통, 문제해결 등을 위한 인지 활동의 도구이고 자기의 행동과 감정을 조절하는 역할을 합니다. 무언가 해결하고 있는 어린아이는 자주 혼잣말을 해요. 사고 과정이 겉으로 드러나죠. "(로봇 장난감 합체 중) 이건 이렇게 끼우고 다음에 어떻게 하지? 맞다. 아래를 돌리고." 어른도 마찬가지예요. 모르는 길을 혼자 걸으면 나도 모르게 혼잣말이 나와요. "(스마트폰 지도를 보며) 여기가 편의점이고 오른쪽으로 가면 버스정류장인가? 어디 보자." 평소에는 마음속에서 말하고 답하기 때문에 아이는 어른의 사고 과정을 따라 할 수 없어요. 따라서 활발히 이루어지는 사고 과정을 모방할 수 있도록 혼잣말로 내적 언어를 보여 주어야 해요.

· 질문하기: "왜 개는 꼬끼오 하고 짖었을까요?"
· 침묵: 5초간 침묵

- 단서: 개는 누구랑 같이 살지?

- 사고 과정 말하기: "(일부러 다른 톤의 목소리로 또는 작은 목소리로 하여 마치 마음의 목소리가 말하는 듯이) 개는 닭들과 친했어. 매일 같이 놀았어. 그전에는 짖지를 못했는데 말이지. 아! 멍멍멍 짖는 소리는 배우지 못하고 매일 꼬끼오 소리를 듣다 보니까 닭처럼 꼬끼오 하고 소리 내는 건 아닐까?"

- 대답하기: "(아이가 다시 질문을 상기할 수 있도록) 다시 질문할게. 왜 개는 꼬끼오 하고 짖었을까요? 정답! 짖지 못하는 개가 닭과 매일 같이 지내다가 꼬끼오 소리를 배웠기 때문입니다."

듣기와 말하기 능력을 높이는 법 ④ 질문 놀이의 생활화

성공적인 듣기와 말하기를 하기 위해서는 질문 놀이를 생활화하면 좋아요. 제가 자주 활용하는 첫 번째 활동은 '까'를 붙여서 노래를 완성하는 놀이예요. 잘 아는 동요의 서술어에 어색하지 않게 '까'를 붙이며 노래를 불러요. 아이가 잘 아는 노래여야 해요. 예를 들어 '멋쟁이 토마토' 노래를 개사해서 "울퉁불퉁 멋진 몸매일까?", "빨간 옷을 입을까?", "나는야 주스 될까?" 하고 바꾸는 것이지요. 천천히 부모와 번갈아 가며 불러요. 두 번째 활동은 질문 공장 놀이예요. 그림책을 1권 읽은 뒤에 1장마다 질문을 제조합니다. 주사위를 던지고 나온 숫자만큼 질문을 만들어야 해요. (주사위 눈의 4, 5, 6은 1, 2, 3이라고 정합니다.) 이때 그림, 낱말, 소재, 나의 경험 등을 연결 지어 질문해요. 만약 질문을 많이 해 보지 못한 아이라면 부모가 먼저 질문하고 아이가 따라서 질문을 만들어요.

> 부모: 펭귄은 기분이 어떨까요?
> 아이: 북극곰은 기분이 어떨까요?

세 번째 활동은 변형 손병호 게임이에요. 원래 게임과 조금 다른데요, 기존 게임은 다섯 손가락을 먼저 다 접으면 지는 게임이지만, 여기서는 먼저 접은 사람이 이기는 게임이에요. 질문을 내는 사람이 생각해 둔 정답을 찾는 놀이예요. 놀이에 익숙해지도록 처음에는 자신에 관한 퀴즈를 내요. 맞춘 사람은 손가락을 하나씩 접습니다.

> 도준: "도준이는 아침에 무엇을 제일 맛있게 먹었나요?"
> 엄마: "계란말이!"
> 아빠: "미역국!"
> 도준: "미역국 정답!

정답을 말한 아빠만 손가락을 접어요. 질문은 여러 유형으로 응용할 수 있어요. "도준이는 왜 어제 일찍 잤을까요?", "오늘 급식은 무엇이 나왔을까요?" 등으로 낼 수 있어요. 가능하다면 OX 문제나 사지선다형 질문도 도전해 봅니다. 충분히 익숙해졌다면 질문의 영역을 확장하여 그림책으로 옮겨 가요. 모두가 같은 그림책 읽기, 모두가 다른 그림책 읽기, 한 사람만 그림책 읽기 후 질문 놀이를 해요. 인원이 3명 이상이면 문제를 낸 사람도 맞춘 사람이 있을 때 같이 손가락을 접어요.

네 번째 활동은 꼬치꼬치 묻기 놀이예요. 가벼운 질문을 하나 던지고 계속 "왜?"라고 물어봐요. '왜'에 대한 질문이나 답을 5번까지 하면 성공하는 활동이에요. 나중에는 몇 번을 할 수 있는지 신기록을 세우는 도전 활동도 가능해요. 아이는 점점 깊이 있게 묻거나 답하는 경험을 하게 됩니다.

아이: 운동은 왜 해야 할까요?

부모: 운동을 하면 건강해지기 때문입니다.

아이: 왜 건강해질까요?

부모: 몸이 튼튼해지고 몸의 온도가 올라가서 면역력이 높아지니까요.

아이: 왜 몸의 온도가 올라가요?

부모: 운동을 하면 에너지가 타오르면서 몸에 열이 생기기 때문입니다.

다섯 번째 활동은 『질문이 있는 그림책 수업』 책에 나온 내용을 소개할게요. 정답을 주고 정답이 나올 수 있는 질문을 만드는 활동이에요.

부모: 답은 사랑이야. 사랑이 나오도록 질문을 만들어 볼까?

아이: 엄마가 나에게 가장 많이 주는 것은 무엇일까요?

듣기와 말하기 능력을 높이는 법 ⑤ 그림 활용하기

제시된 말과 어울리는 그림을 그려요. A가 그림책을 한 문장 읽으면 B는 읽은 내용을 따라 말하고 10초 동안 그려요. 다시 A는 다음 문장을 읽어요. B는 따라 말한 다음에 그림을 10초간 이어 그려요. 마지막 문장이면 A가 마지막 문장이라고 알려 줍니다. 중간에 B가 궁금한 사항이 생기면 A에게 반대로 질문을 할 수 있어요(예: "거울은 무슨 모양일까요?"). 그림은 도화지에 그려도 좋고, 스마트폰이나 태블릿의 그리기 앱을 활용해도 좋아요. 그리기가 서툴다면 오토드로우(https://www.autodraw.com/)를 이용해요. 아이의 그림을 인식해서 멋진 그림으로 바꿔 주지요. 활동 시 유의할 점도 있어요. B가 책의 그림을 본 적이 없어야 해요.

반창고쌤의 교단 일기

교실에서 쉬는 시간 소리를 듣고 있노라면 어린 시절로 돌아간 기분이다. "싫으면 시집가!", "코카콜라 맛있다. 맛있으면 또 먹어. 딩동댕동. 척척박사님!", "아싸라비아 콜롬비아~"와 같은 말이 나오기 때문이다. 정겹고 신기했다. 분명 엄마, 아빠가 가끔 쓰던 말일 텐데 아이 입에 착 붙었다. 그리고 상황에 맞게 저절로 나왔다. 공부할 때 배운 말은 잘 잊지만, 생활 속에서 배운 말은 참 잘 써먹는다. 수업 중에 내가 한 말도 아이에게 스며들었으면 좋겠다. 어디 그런 매력적인 수업은 없을까? 나도 수업 유행어 제조기가 되고 싶다.

듣기와 말하기 능력을 높이는 놀이 1.

놀이

도안

맞지? 아니지?

감춰진 카드(과일, 채소, 간식, 문구)를 모두 맞추면
승리하는 진실과 거짓 놀이입니다.

● 준비물: 과일, 채소, 생선 등 물건 그림 카드

● 놀이 방법

① 모두가 그림 카드를 종류별로 1장씩(과일, 채소, 생선, 고기 총 4장) 받아요.

② 순서를 정한 뒤 A가 자신이 가진 카드를 보이지 않게 뒤집어 내려놓으며 말해요. "내 카드는 빨간 사과 카드야." 이때 그 카드가 아니어도 그 카드인 척 내려놓을 수 있어요. 진실을 말해도 되고 거짓을 말해도 돼요. 예를 들어 바나나 카드를 내밀면서 "내 카드는 오징어 카드야."라고 말할 수 있어요.

③ 그러면 B가 A의 말을 따라 한 뒤에 맞는지 아닌지를 선택해요.

• "네 카드는 오징어 카드, 맞지?" (진실이라고 생각한 경우)

• "네 카드는 오징어 카드, 아니지?" (거짓이라고 생각한 경우)

④ 만약 B의 말이 맞으면 A는 카드를 다시 가져가야 해요. 만약 B의 말이 틀렸다면 A는 해당 카드를 버릴 수 있어요.

⑤ 이렇게 모든 종류의 카드 4장을 다 버리는 사람이 승리해요.

● 활용 팁: 마지막 카드가 들통나면 다른 카드로 바꿀 수 있어요. 카드를 제시하는 사람이 꾸며서 말하면 재미있는 학습이 돼요(예: "내 카드는 백설 공주가 맛있게 먹었던 사과 카드야."). 만약 카드가 없다면 집에 있는 물건으로 대체해서 할 수 있어요. 물건을 뒤에 감춘 뒤에 그중 하나를 수건으로 감싸고 "이건 말랑말랑 지우개야."라고 말해요. 그러면 상대 방이 "이건 말랑말랑 지우개!"를 외친 뒤에 "맞지?" 또는 "아니지?"라고 외쳐요.

듣기와 말하기 능력을 높이는 놀이 2.

놀이

텔레파시 통해라!

노래를 듣고 같은 생각인지 다른 생각인지

알아보는 놀이입니다.

도안

노래

● 준비물: 감정 카드, 스마트폰

● 놀이 방법

① 총 몇 곡의 노래를 들을지 정한 뒤에 모두 함께 음악을 들어요.

② 어울리는 감정 카드를 마음속으로 선택한 뒤에 하나, 둘, 셋과 함께 동시에 감정 카드 하나를 짚어요. 예를 들어 신나는 노래를 들으면 입을 가리고 웃는 이모티콘 감정 카드를 고를 수 있어요. 그래서 하나, 둘, 셋을 센 뒤에 손가락으로 이미지를 가리켜요.

③ 똑같은 그림을 가리킨 사람끼리 1점을 받아요. 텔레파시가 통한 거예요. 점수 대신 블록, 코인, 연필 등으로 대체할 수 있어요.

④ 내가 왜 이 카드를 선택했는지 말하는 시간을 가진 뒤에 다음 라운드로 넘어가요. 최종 라운드에서 제일 점수가 높은 사람이 승리해요. 2명이서 할 때는 지금 얼마나 통하는지 온도를 매겨요. 같은 생각을 할 때마다 10도씩 올라요.

● 활용 팁: 감정 카드를 인쇄하기 힘들다면 스마트폰에서 다양한 감정 이미지를 찾아서 활용해도 좋아요. 감정 이미지 대신 노래와 어울리는 물건, 음식, 색 등을 찾는 활동으로 바꿀 수도 있어요. 3개의 물건을 놓은 뒤에 음악을 듣고, 노래에 잘 어울리는 물건을 동시에 가리켜요. 음악은 가사가 없는 게 더 좋으므로, 유튜브에서 '배경음악'을 검색하여 활용합니다. 사운드 클라우드라는 사이트(또는 앱)에서도 검색창에 'BGM'이라고 치면 다양한 배경음악을 찾을 수 있어요. 둘 다 무료로 음악을 들을 수 있답니다.

듣기와 말하기 능력을 높이는 놀이 3.

놀이

어, 이 소리는?

영상을 틀고 아이와 함께 들리는 소리를 맞힐 때마다 1점을 받아요.

마지막 라운드에서 점수의 합이 목표 점수를 넘으면

함께 이기는 놀이 활동이에요. 총 5단계가 있습니다.

● 준비물: 여러 소리가 들어 있는 영상

● 놀이 방법

① 영상을 틀면 세 가지 소리가 들려요. 영상을 듣다가 멈추고 들었던
   소리를 말해요. 예를 들어 "빗소리가 들렸어.", "돼지 소리가 들렸
   어."라고 말할 수 있어요.

② 총 두 번 들어요. 맞히는 소리만큼 1점씩 얻어요.

③ 12점보다 높으면 승리해요.

● 활용 팁: 소리를 맞히는 라운드가 끝날 때마다 들리는 소리로 장면을
   묘사해요. 부모가 먼저 시범을 보여도 좋아요. 이때 '주룩주룩'과 같이
   소리와 어울리는 의성어나 의태어를 부모가 표현하면 아이의 문해력
   향상에 도움이 돼요.

읽기

읽기는 규칙이 있는 모양의 조합을 글자로 인식하고, 글자를 소리로 바꾸고, 소리를 의미 있게 해독하여 이해하는 과정이에요. 더 나아가 이해에 머물지 않고 기존 지식이나 경험과 연결 지어 정보를 확장해야 하지요. 다시 말해 글자 인식, 소리 변환, 언어 해독, 사고 확장을 모두 합칠 때 올바르게 읽었다고 말할 수 있어요. 읽기가 어려운 아이들은 위의 과정 중 하나 이상을 어려워합니다. 영상 보기는 수동적으로 정보를 접하기 쉽지만, 책 읽기는 능동적으로 정보를 찾아야 하고 높은 수준의 집중이 필요해요. 게다가 상상력과 관련된 뇌의 영상 처리 영역이 활성화되는 이점이 있어요.

아이의 읽기 단계 바로 알기

다양하게 배우는 아이에게 읽기를 가르치기 위해서는 아이의 현재 수준과 나아갈 단계를 알아야 해요. 따라서 읽기 발달 단계를 파악하고 어울리는 읽기 지도를 할 필요가 있습니다.

① 1단계는 자모 이전 단계입니다. 글자를 하나의 덩어리로 된 그림이나 모양처럼 인식해요. 그래서 같은 글자라도 다른 정보와 섞여 있으면 읽지 못해요. '마트'라는 글자를 알고 있어도 다른 글자와 붙어서 '이마트'나 '스마트'라고 적혀 있으면 읽기 어려워해요.

② 2단계는 부분적 자모 단계입니다. 익숙한 글자가 보이기 시작해요. 마트의 '마'를 기억하고 '마트'라고 읽어요. 단, '마차', '마요네즈'를 보아도 마트라고 합니다. 나중에 가면 마트는 2개의 글자로 이루어져 있음을 이해해요. 보통 읽기에 큰 어려움을 겪는다고 하면 1, 2단계에 머무는 아이들이에요.

③ 3단계는 자모 단계입니다. 보통 초등학교 입학 무렵에 자모 단계로 갑니다. 처음에는 글자 덩어리를 음절로 잘라서 인식하는 글자 읽기가 나타나요. "마-트, 아하! 마트~"라고 이해해요. 쪼개서 읽은 뒤에 글자의 의미를 알게 되죠. 계속 읽기가 발달하면 음소 단위로 나누어 인식하는 자소 읽기가 나타나요. 'ㅁ, ㅏ, ㅌ, ㅡ'로 분리해서 읽을 수 있어요. 개인적으로 3단계에 머무는 아이들을 가장 많이 보았어요. 계속 인풋과 아웃풋이 이루

어져야 해서 아이 입장에서는 힘든 고개와 같은 단계예요.

④ 4단계는 통합적 자모 단계입니다. 한 글자씩 읽기보다는 단어 단위로 통합하여 보기 시작해요. 띄어쓰기 개념을 받아들이기 좋은 단계예요. 예전보다 읽는 속도도 빨라져요.

⑤ 5단계는 자동적 자모 단계입니다. 단어 단위나 문장 단위로 읽기가 나타나요. 문단 속 정보를 점차 깊이 있게 이해해요.

좀 더 알아봅시다

개념 정리 »

음소: 자소의 개념과 헷갈릴 수 있습니다. 음소는 소리 체계 중 가장 작은 음성 소리 단위이며, 의미가 없는 소리로 나타납니다. [ㅂ], [ㅏ] 등과 같은 자음과 모음 소리가 음소에 해당합니다.

예: 책 -> ㅊ, ㅐ, ㄱ

자소: 한글 글자를 구성하는 가장 작은 단위입니다. 자음과 모음 글자에 해당합니다. 영어의 'A'를 보면 자소는 같지만, 음소는 달라질 수 있습니다. CAT와 CAKE에서 CAT의 A는 [ㅐ] 발음이지만 CAKE의 A는 [ㅔ] 발음입니다. 한국어에서도 자소 2개를 쓰는 이중받침 글자를 보면 하나의 음소로만 소리가 납니다. 예를 들어 닭이라는 글자의 받침 글자는 'ㄺ'이지만 소리(음소)는 [ㄱ] 하나로만 납니다. 그래서 [닥]이라고 읽습니다.

음절: 발음의 기본 단위로 자음과 모음이 조합되어 나타납니다. 한

번의 발음으로 나타낼 수 있는 소리의 집합입니다. 예를 들어 '배고
파'라고 말했다면 '배', '고', '파'가 각각 음절이고 이 글자는 3음절로
이루어졌습니다.

어절: 어절은 의미를 가지고 독립적으로 사용되거나 구분되는 가
장 작은 말의 단위이지요. 보통 띄어쓰기로 구분되는 문자들의 단
위입니다. 한 문장 안에서 띄어쓰기로 나뉜 부분이 어절입니다. 예
를 들어 "사자가 무서워요."라는 문장에서 '사자가'와 '무서워요'는
각각 하나의 어절입니다.

반창고쌤의 교단 일기

그림책 읽기 수업 중에 아이가 배웠던 'ㅇ' 받침이 나왔다. 생크
림. 하지만 지환이는 '생'을 읽지 못하고 고민하고 있었다.

"지환아, 위에만 읽으면 어떻게 될까?"

받침을 가리고 물어보았다.

"새요."

이건 잘 대답한다.

"밑에 받침은 어떻게 읽지?"

"응이요."

그럼 합치면? 아이의 눈동자가 흔들렸다.

"배우는 중이니까 괜찮아. 새-응, 생! 생이라고 읽어. 생일 할 때 생."

나의 말에 갑자기 지환이의 눈빛이 빛났다. 그리고 내게 다가오더니 귓속말로 속삭였다. "선생님, 제 생일은 6월 10일이에요."

아, 오늘도 녀석의 귀여움에 녹고 말았다.

아이가 스스로 읽을 수 있으면 읽기 능력은 완성된 걸까요? 그렇지 않아요. 읽기 이해력은 계속해서 길러 주어야 해요. 초등학교 2학년, 4학년, 6학년, 중학교 2학년을 대상으로 듣기와 읽기 능력의 상관관계를 연구한 결과, 초등학교 저학년은 읽을 때보다 들을 때 훨씬 이해를 잘한다고 합니다. 초등학교 고학년이 되면 듣기 능력과 읽기 능력의 이해도가 비슷해지고, 중학교 2학년이 되어서야 읽기 능력이 듣기 능력보다 앞선다고 해요. 따라서 부모가 책을 읽어 주는 행동은 최소 중학교 1학년까지는 효과적이라고 할 수 있어요.

읽기 능력을 높이는 다섯 가지 방법

그럼 어떻게 하면 성공적인 읽기가 가능할까요? 첫째, 생활 속 읽기와 쓰기를 생활화합니다. 경고판(예: 기대지 마세요, 낙서 금지 등), 전단지, 메뉴

판, 간판, TV 광고, 보드게임이나 제품 설명서, 아이스크림이나 과자 등의 간식에 적힌 글자, 표지판, 현수막, 약봉지, 요리 레시피, 배달앱 글자, 장소별 글자(예: 식당, 승강기, 지하철, 박물관 등)를 활용할 수 있어요. 놀이 형식으로 하면 아이의 거부감이 줄어들어요.

부모: 낱말 찾기! 지금 주위에서 소고기라는 말을 찾아보세요.
부모: (과자봉지를 들며) '감'자 찾아볼래? 봉지 앞면에 있어. 찾으면 도준이도 문제를 낼 수 있어.

둘째, 슬로 리딩을 합니다. 1권의 책을 천천히, 여러 번, 깊이 있게 읽는 활동을 말해요. 『천천히 제대로 공부법』을 보면 학습에 어려움을 호소하는 아이들을 위한 교육 스킬이 나오는데 그 내용이 슬로 리딩과 유사해요. 책의 방법을 다양하게 배우는 아이에게 응용하면 다음과 같아요.

[슬로 리딩 7단계]
① 1단계: 교과서나 책을 선정합니다.
② 2단계: 배울 내용에서 아이가 모르는 낱말을 모두 찾고 뜻을 함께 찾습니다.
  ◦ 배울 내용은 최대한 적어 보게 하세요. 익숙해지면 조금씩 늘려요.
  ◦ 네이버 사전으로 낱말을 찾아요. 처음에는 부모가 도와주고 점차 아이가 스스로 찾아요. 예를 들어 "밭은 무슨 뜻일까?"라고 물어본

뒤, 아이가 찾게 해 주세요.

③ 3단계: 교과서나 책을 천천히 읽고 또 읽습니다.

  ◦ 가능한 한 천천히 읽도록 하고 시간을 재요.

  ◦ 다시 읽을 때는 그 시간보다 더 느리게 읽도록 유도해요.

  ◦ 한 문장을 의미 중심으로 끊어서 읽고 함께 이야기해요. 예를 들어 '농장에는 / 넓은 밭과 / 예쁜 연못이 / 있었습니다'라고 끊어서 읽을 수 있어요.

  ◦ 이해를 위해 그림이 필요하다면 그림으로 나타내요.

④ 4단계: 아이가 이해한 것을 부모에게 설명합니다.

⑤ 5단계: 다시 천천히 읽습니다.

⑥ 6단계: 기억하는 내용을 빈 종이에 적습니다. 끝까지 쓴 뒤에 빠진 정보는 책을 보며 다시 채워요.

⑦ 7단계: 노트에 내용을 요약해서 적어 봅니다(생략 가능).

읽기가 어려운 아이는 위 내용을 '말하기'로 참여해요. 단, 글자를 손가락으로 가리키며 하도록 합니다. 다양하게 배우는 아이에게는 많은 내용을 의미 없이 읽는 것보다 한 문장이라도 천천히 곱씹어서 이해하는 것이 더 중요합니다.

성공적인 읽기를 위해서는 셋째, 그림책을 신중하게 선정하고 반복해서 읽어야 해요. 책 선정은 읽는 것만큼 중요합니다. 독서습관의 첫 단추이기 때문이에요. 따라서 아이가 좋아하는 분야나 흥미를 느끼는 소재의 책을 찾아야 해요. 아이가 하나의 책을 반복해서 읽는 것을 좋아할 수도 있어요. 부모는 보통 아이가 같은 책만 계속 읽는 것을 좋아하지 않죠. 하지만 반복 독서는 천재들의 독서법이에요. 아이에게 꾸준한 반복은 정말 중요한 학습 기술입니다. 같은 책이 누더기가 되고 다시 새 책을 살 정도로 반복해서 읽어 주면 읽기뿐만 아니라 쓰기 능력 발달에도 도움이 돼요. 아이가 공주를 좋아하면 공주와 관련된 책을 접하도록 도와주세요. 좋아하는 분야만 읽어도 괜찮아요. 독서는 좋아하는 분야를 즐기는 게 당연합니다. 성장하면서 자연스럽게 좋아하는 책은 바뀔 거예요.

넷째, 읽는 성취감을 느끼도록 해요. 독서록을 활용하면 좋아요. 아이의 수준에 따라 날짜, 제목, 보물단어, 주인공, 책 읽고 한 마디 글쓰기 등을 기록할 수 있어요. 처음부터 욕심을 내기보다는 두세 개의 내용을 채우는 독서록을 쓰도록 해요. 그림책의 표지를 모으는 활동을 하면 자기가 읽은 책을 한눈에 볼 수 있어서 좋아요. 아이가 스마트폰으로 표지 사진을 찍어 수집할 수도 있어요. 10권씩 누적될 때마다 책 파티를 합니다. 간식을 먹으며 책의 표지를 다시 보고 성취감을 느끼도록 해요.

다섯째, 글자를 확장합니다. 아는 글자 또는 아이와 밀접하게 관련된 글자에서 시작하여 새로운 글자를 조금씩 늘려요. 한글이 늦는 아이를 보면 글자를 하나의 그림으로 인식해요. 통글자로만 어휘를 습득하면 학습이 더디니 음소의 관계도 알아야 해요. 따라서 중간 단계로 다음 활동을 합니다. 보통 아이는 자기 이름을 쓰고 싶어 하고 잘 기억해요. 이름 세 글자 중 하나 이상이 들어 있는 낱말을 활용하세요. 이름이 이도준이라면

'이사, 이유, 도사, 차도, 준비, 기준' 속 자기 이름에 해당하는 음절은 읽을 수 있어요. 아는 음절과 모르는 음절을 합쳐서 글자를 확장합니다. 잡지나 신문에서 아는 음절을 찾아서 동그라미 치고 읽는 활동도 가능해요. 그 밖에 책을 읽은 뒤에 인물 관계도를 만드는 활동도 좋아요. 드라마에서 나온 인물 관계도처럼 인물 간의 관계를 정리할 수 있습니다. 인물을 배치하고 선으로 관계를 나타내요. 선에 딸, 엄마, 친구 등의 호칭이나 대립, 사랑, 질투와 같은 감정 용어를 쓰면 멋진 인물 관계도를 그릴 수 있어요.

읽기 능력을 높이는 놀이 1.

놀이

도안

같은 글자 원카드 놀이

게임 방법은 원카드와 비슷해요.

글자를 보고 같은 음소 모양이 있으면 카드 1장을 내려놓을 수 있어요.

가장 먼저 손에 쥔 카드를 다 내려놓으면 승리합니다.

● 준비물: 글자 카드

● 놀이 방법

① 섞은 카드를 3장씩 받고 남은 카드는 뒤집어 가운데에 놓아요.

② 원카드처럼 카드를 1장 뒤집고 순서대로 게임을 진행해요. 같은 음소가 있으면 카드를 1장 내려놓을 수 있어요. 예를 들어 펼쳐진 카드가 '밤'일 경우, 내가 들고 있는 카드에서 'ㅂ, ㅏ, ㅁ' 중 하나가 있으면 카드를 내려놓을 수 있어요. 만약 나에게 '벌' 카드가 있으면 같은 'ㅂ'이 들어가기 때문에 카드를 1장 내려놓을 수 있어요.

③ 만약 낼 카드가 없다면 뒤집힌 카드 덱에서 1장을 가져와요. 특수 카드(조커 카드, 스프링 카드, 방향 바꾸기 카드)도 있어요. 조커 카드는 아무 카드 위에 놓을 수 있고 한 번 더 할 수 있어요. 스프링 카드는 내 옆 사람을 건너뛰고 진행해요. 방향 카드는 진행 방향을 바꿔요. 특수 카드 다음에는 아무 카드나 낼 수 있어요.

④ 가장 먼저 카드를 모두 내려놓은 사람이 승리해요.

● 활용 팁: 받침이 없는 글자 카드, 받침이 있는 글자 카드 중 아이의 수준에 맞게 카드를 활용해요. 직접 카드를 만든다면 글자 카드의 비중을 아이가 잘 아는 글자 2/3와 잘 모르는 글자 1/3을 섞어서 사용합니다. 아는 글자가 늘어나면 모르는 글자로 교체해요. 카드를 직접 만들어도 좋고 시중에 파는 공카드를 구매하여 사용해도 좋아요.

읽기 능력을 높이는 놀이 2.

놀이

글자 탑 쌓기

글자 카드를 읽고 모양에 맞게 탑처럼 세우는 놀이예요.
끝까지 무너뜨리지 않고 세우는 사람이 승리합니다.

도안

● 준비물: 글자 카드와 모양 카드
● 놀이 방법

① 200g 정도 되는 두꺼운 종이에 글자 카드와 모양 카드를 인쇄해요.

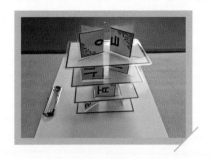

두꺼운 종이가 없다면 이면지를 붙여서 두껍게 만들 수 있어요.

② 글자 카드를 오리고 반으로 접어요. 그 뒤에 업무용 집게로 집어 두어요. 두꺼워서 반으로 접어도 금방 펴지기 때문에 3시간 이상 집게로 집어두어야 카드 형태가 고정돼요.

③ 이제 게임을 시작해요. 글자 카드와 모양 카드를 각각 섞은 뒤에 따로 쌓아 두세요. 그리고 글자 카드 3장을 가져가요. 이제 첫 번째 모양 카드를 뒤집어 모양이 보이도록 바닥에 둡니다.

④ 자신의 차례가 되면, 먼저 내 글자 카드 중 1장을 골라 받침이 없을 때와 있을 때의 낱말을 읽어요. 그리고 바닥에 깔린 모양 카드의 문양을 보고 같은 형태로 글자 카드를 세워요. 만약 모양 카드 자리가 다 찼다면 새로운 모양 카드를 탑처럼 위에 올려요. 마지막으로 글자 카드가 3장이 되도록 카드를 가져가요.

⑤ 다음 사람도 똑같은 절차에 따라 글자 카드를 쌓아요. 탑을 무너뜨리지 않는 사람이 이기는 놀이예요.

● 활용 팁: 협력 게임으로 하려면 목표로 한 층까지 카드를 1개씩 번갈아 쌓아요. 게임 난도를 높이려면 작은 물건 하나를 탑을 쌓을 때마

다 위 칸으로 옮겨 둡니다. 균형을 잡아야 하므로 더 집중하게 돼요.

읽기 능력을 높이는 놀이 3.

놀이

도안

토끼와 거북이 낱말 경주

부모와 아이가 한 팀이 되거나 다른 팀이 되어

게임을 진행해요. 상황은 토끼와 거북이의 경주 이야기로 합니다.

토끼는 잠을 참으며 달려야 하고, 거북이는 꾸준히 걸어야 합니다.

각자의 그림책 속 내 편이 아닌 상대편을 돕는 낱말을 찾아서

상대를 결승점까지 보내면 승리해요.

- 준비물: 다수의 그림책, 낱말 경주 활동지
- 놀이 방법

  ① 각자 그림책을 1권씩 챙기고 토끼 팀과 거북이 팀으로 나누어요.

  토끼 팀은 거북이에게 유리한 낱말만 찾고 그 이유를 설명해요.

예를 들어 '날개'라는 낱말을 찾아 읽었다면 이렇게 설명해요. "날개를 단 거북이는 빠르게 결승점으로 날아갔습니다." 이때 그림을 그리며 설명하면 더욱 좋아요. 이제 주사위를 던지고 숫자만큼 상대팀 말을 옮겨 주세요.

② 이번에는 거북이 팀이 토끼를 돕는 낱말을 찾아 읽어요. 예를 들어 '바람'이라는 낱말을 찾아 읽었다면 이렇게 설명합니다. "차가운 바람을 쐰 토끼는 잠이 깨서 다시 뛰었습니다." 이어서 주사위를 던지고 숫자만큼 상대팀 말을 옮겨 주세요.

③ 주의할 점도 있어요. 낱말은 그림책 1장에 하나만 사용해야 하고, 같은 낱말은 사용할 수 없어요. 또한 서로 깎아내리는 방향으로 하지 않아요.

- 잘못된 예: 가위, 거북이의 날개를 가위로 잘랐습니다.
- 좋은 예: 가위, 토끼가 빨리 갈 수 있도록 긴 풀을 모두 잘랐습니다.

④ 각 팀은 그림책을 넘기며 낱말을 번갈아 가며 찾아요. 상대 말을 먼저 도착하게 만든 팀이 승리해요.

● 활용 팁: 경주 놀이를 하면 자연스럽게 글을 읽고 설명하게 돼요. 아이의 수준에 따라 아이가 낱말을 고르고 부모가 대신 낱말을 활용할 수도 있어요.

쓰기

쓰기는 많은 능력을 요구합니다. 눈과 손의 협응 능력, 소근육 미세 조정 등의 신체 기능이 발달해야 글자를 쓸 수 있어요. 게다가 글자를 쓸 수 있어도, '문장 만들기'는 또 다른 영역이에요. 문장 만들기는 규칙에 따라 문장부호와 띄어쓰기를 적용하며 자기 생각을 글에 녹이는 종합예술이지요. 따라서 다양하게 배우는 아이에게 쓰기란 쉬운 영역이 아니라는 점을 먼저 기본값으로 받아들여야 해요. 그래야 조바심을 덜 낼 수 있고 아이를 닦달하지 않게 됩니다. 아이들은 한 번에 쭉 성장하지 않아요. 대부분 변화가 거의 없다가 시간이 지나면 어느 순간 성장해 있어요. 그래프로 보면 계단식 모양으로 발전하는 느낌이에요. 중요한 건 변화가 거의 없는 시기나 성장하는 시기 모두 아이는 꾸준히 배웠다는 거예요. 그럼 어떻게 하면 쓰기를 잘할 수 있을지 함께 알아볼까요?

1. 아이가 생각을 꺼낼 시간을 주세요

잘 쓰기 위해서는 잘 읽어야 합니다. 많은 글자를 보고 읽으며 눈에 담아야 해요. 보통 아이들은 그림책을 읽어 주면 그림을 위주로 봐요. 따라서 먼저 그림을 함께 보도록 해요. 아이가 궁금증을 가질 만한 내용을 짚으며 소통도 해요. 이때 아이에게 공부하듯이 묻고 따지면 아이는 그림책 읽기가 싫어집니다. 그냥 혼잣말이나 생각을 함께 공유한다는 느낌으로 말해요.

와, 우습다. 모자를 뒤집어썼네? → 주의 집중
왜 그런지 궁금하다. → 아이의 생각 꺼내기+반응 기다리기

(손가락을 그림을 가리킨 뒤) → 주의 집중
옷을 몇 겹을 입은 걸까? → 아이의 생각 꺼내기+반응 기다리기
한 겹, 두 겹, 세 겹. 모두 세 겹이나 껴입었네. → 생각 모으기

생각 모으기를 할 때 부모가 기다려 주면 아이가 대답할 기회가 생겨요. 반응을 안 하면 부모가 아이를 대신해서 생각 모으기를 해요. 정답을 말해 줘도 좋지만, 때론 엉뚱한 답을 말해 주고 아이가 수정하도록 합니다. 그림 보는 시간이 끝나면 이제 함께 글을 봐요. 아이와 번갈아 가며 읽

거나 부모가 읽을 때 아이는 글자를 손가락으로 가리켜요. 이때 어려운 어휘는 풀어서 다시 읽어 주세요.

2. 문장이나 낱말을 반복해 주세요

비슷한 문장이나 낱말을 씁니다. '~에 간다'라는 문장을 정했다면 '나는 학교에 간다, 나는 집에 간다, 나는 마트에 간다'라고 쓰도록 해요. 변하는 부분과 동시에 변하지 않는 부분을 익힐 수 있어요. 낱말도 가능해요. 받침, 자음이나 모음 중 하나를 바꾸어 변하는 부분과 유지되는 부분을 이해하고, 소리와 글자를 연결 지을 수 있어요. '밤, 감, 잠', '숨, 삼, 섬', '감, 갑, 각'처럼 초성, 중성, 종성 중 하나를 바꿉니다.

3. 쓰는 방법을 바꾸세요

쓰는 방법을 바꾸면 쓰기 감각이 살아나서 도움이 됩니다. 키보드나 스마트폰을 활용하여 글을 써 보세요. 컴퓨터 키보드는 블루투스 키보드를 추천해요. 아이가 모니터를 보고 특정 장면에 어울리는 말을 말풍선에 쓰거나(예: 파워포인트, 캔바, 미리캔버스, 한컴오피스 등 활용) 매일 한 문장씩 경험했던 일을 타이핑해요. 부모와 아이가 문자나 카카오톡으로 짧게 이야기 나눌 수도 있어요. 딱딱한 문장이 아닌 대화 형식이라서 재밌고, 이모티콘도 넣을 수 있어서 좋아해요.

4. 마인드맵을 활용하세요

마인드맵은 아이디어나 정보를 시각적으로 구조화하는 도구를 말합니다. 중심 주제에서 시작하여 생각이나 정보를 가지처럼 뻗어 나가요. 그림을 잘 그리지 못해도 괜찮아요. 아이는 줄글을 쓰는 것보다 재미있어해요. 그림책을 읽은 뒤에 해 보는 건 어떨까요? 중심 토픽에 책의 제목을 씁니다. 그리고 정해진 주요 토픽을 둡니다. 아이의 수준에 따라 주요 토픽을 늘릴 수 있겠지만 3~5개 정도가 좋아요. 저는 그림책 주요 토픽을 줄거리의 시작, 사건, 끝으로 구분하여 쓰고 있어요. 마지막으로 주요 토픽에 어울리는 하위 토픽을 씁니다.

중심 토픽	『알사탕』 그림책
주요 토픽 - 하위 토픽	**처음** – (등장인물) 동동이, 강아지, 아빠, 소파, 할머니 – (배경) 동네에서 함께 구슬치기하던 시절
	일어난 일 – 알사탕을 먹고 강아지랑 대화를 나누었다.
	마지막 – 구슬 덕분에 친구가 생겼다.

'처음'의 하위 내용은 인물, 배경에 관한 내용을 낱말과 그림으로 표현해요. '일어난 일'의 하위 내용은 가장 큰 갈등이나 도전, 문제, 인상적인 일을 기록해요. '마지막'의 하위 내용은 모든 사건을 해결하는 방법, 결말, 그 뒤에 예상되는 일 등을 써요. 갑자기 마인드맵을 하자고 하면 아이는 당황할 수 있어요. 아직 마인드맵을 배운 적이 없는 데다가 빈 종이에 무언가

하라고 하면 부담스럽지요. 교사가 흰 종이를 주고 네가 그리고 싶은 것을 마음대로 그리라고 할 때 얻는 부담감과 유사해요. 따라서 기본 틀이 그려진 마인드맵을 사용하면 좋습니다. 아이가 익숙해질 때까지 토픽을 고정하여 실천해요. 익숙해지면 하위 토픽 내용을 별도의 종이에 쓴 다음, 자르고 옮겨붙인 뒤에 선을 연결해요.

좀 더 알아봅시다
기본 틀이 있는 마인드맵 »

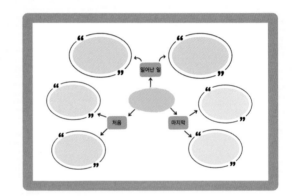

5. 만다라트를 활용하세요

만다라트는 새로운 생각을 끄집어내고 기록하는 도구입니다. 보통 목표를 설정하기 위한 활동에 많이 써요. 가장 가운데에 핵심 목표를 두고 핵심 목표를 이루기 위한 하위 목표를 적어요. 그리고 각각의 하위 목표를 이루기 위해 필요한 내용을 기록해요. 평소라면 두리뭉실하게 생각했던 것을 구체적으로 쓰게 되는 장점이 있어요. 아래 표는 가을을 주제로 기록한 만다라트입니다. 모든 칸을 다 채워야 하는 것은 아니라서 억지로 채울 필요는 없어요. 만다라트는 개념을 익히는 데도 효과적이에요. 다만, 칸이 너무 많으면 아이가 부담스러우니 아래와 같이 칸을 줄여서 사용하는 게 좋아요.

					빨간색			
			주황색	나뭇잎	노란색			
				갈색				
	코스모스			나뭇잎			메뚜기	
은방울꽃	꽃	국화	꽃	가을	곤충	무당벌레	곤충	귀뚜라미
	해바라기			열매와 과일			잠자리	
				감				
			밤	열매와 과일	배			
				사과				

※ '가을'에 대한 만다라트 예시

6. 꾸준히 씁니다

무엇보다 꾸준히 계속 쓰는 게 중요합니다. 한 줄 일기부터 시작해 보세요. 재미있는 것은 한 줄만 쓰라고 해도 쓸 내용이 있으면 더 쓴다는 거예요. 최소한의 기준만 설정해 주면 아이는 그 이상을 합니다. 이때 알아둘 팁이 있어요.

하나, 쓸 소재를 아이가 스스로 생각해요. 만약 쓸 내용이 없다면 소재를 여러 개 알려 주고 아이가 선택하도록 합니다.

둘, 교정하지 않아요. 아이의 생각을 글로 표현하는 자체에 중점을 둡니다. "왜 띄어쓰기를 안 했니?", "받침이 틀렸잖아. ㅅ이 아니라 ㄷ이야."라고 지적하면 쓰고 싶은 마음이 사라져요. 교정은 일기를 참고하여 공부 시간에 합니다.

셋, 피드백을 제공해요. 글 내용에 관심을 표현하면, 아이는 자신이 겪은 일이기 때문에 더 조리 있게 말할 수 있어요.

넷, 감정을 자세히 표현하도록 유도해요. 아이 대부분은 감정 표현이 짧고 단순해요. '좋았다', '싫었다', '재밌었다'처럼 단순한 글쓰기가 되기 쉬우므로, 감정 카드나 감정 표현이 담긴 책을 살펴본 뒤에 다르게 나타낼 수 있도록 해 주세요. 감정 표현을 고치라고 하면 아이는 공부라고 생각할 수 있어요. 이때는 감정을 먼저 고르고 그에 맞는 경험을 떠올리게 합니다. 쓰기가 부담스러우면 쓰기 대신 말하기를 하고 감정 표현 낱말만 써도 좋아요. 1주일마다 정한 요일에는 감정 일기를 써요. 먼저 쓸 내용에 관해 이야기를 나누면 감정 표현도 모방할 수 있어요.

부모: 오랜만에 같이 자장면을 먹으니까 어땠어?

아이: 좋았어.

부모: 그랬구나. 아빠는 단무지가 시큼해서 코가 뻥 뚫린 것 같았어.

아이: (아빠는 저렇게 느꼈구나. 나는?)

부모: 그리고 면을 안 자르고 먹으니까 한 젓가락만 먹어도 입이 터질 것 같았어.

아이: 사실…. (나도 다르게 말해야지.)

　문장 쓰기가 되지 않는 아이 그룹은 낱말과 그림으로 하루를 표현해요. 낱말 쓰기가 되지 않는 아이 그룹은 그림으로 경험한 일을 표현하고 부모와 같이 글자를 써요. 아이의 수준에 따라 글자를 보고 쓰기, 따라 쓰기, 함께 쓰기를 할 수 있습니다.

　두 그룹 모두 과정은 같아요. 먼저 주제에 대해 아이와 이야기를 나눕니다. 다음으로 관련 사진을 관찰해요. 직접 경험한 일을 찍은 사진이면 (예: 체험 학습 사진) 더 좋지만 그렇지 않아도 괜찮아요. 아이가 급식실에서 있었던 일을 이야기했다고 하면 바로 구글 검색창에 급식실을 칩니다. 급식실 이미지를 보며 이야기를 확장해요. 부모의 경험까지 말하면 이야기는 풍부해져요. 마지막으로 아이가 낱말이나 그림으로 표현해요. 보고 그리겠다면 어울리는 이미지를 찾아주세요. 그림은 낙서와 같은 난화여도 괜찮아요. 낙서라고 생각하고 그리는 활동을 생략해서는 안 돼요. 꾸준히 연필을 사용하여 소근육 능력을 늘려야 합니다.

요즘 제가 학급에서 매일 아이들과 하는 활동이 있어요. 바로 '감사하기'예요. 어제나 오늘 감사한 일을 한 문장으로 씁니다. 긍정적인 마인드와 동시에 글쓰기도 늘어서 일거양득이에요. 그 밖에 그림책을 읽고 문장을 필사하는 방법도 좋아요. 평소에 쓰지 않는 문장 형식을 배울 수 있어요. 보고 쓰기가 어렵다면 부모가 연필로 쓴 뒤에 아이가 사인펜으로 따라 씁니다.

쓰기를 줄겁게 만드는 놀이 1.

놀이

도안

쓰기 올림픽

쓰기와 관련된 여러 가지 미니게임에 참가하여

메달을 모으고 기록을 경신하는 놀이입니다.

- 준비물: 메달 활동지, 그림책, 포스트잇, A4 종이, 필기구

- 놀이 방법

미니게임 1. 눈을 감고 A4 종이에 글자를 쓰세요. 5개 중 잘 쓴 글자가

3개 이상이면 금, 2개이면 은, 1개이면 동메달을 수여해요.

미니게임 2. 자기 이름을 A4 종이가 꽉 찰 정도로 크게 쓴 뒤에 그림책

에서 내 이름에 어울리는 그림이나 글자를 찾아 이름 속에 기록해요.

어울리는 표현이 5개 이상이면 금, 4개이면 은, 3개이면 동메달을 수

여해요.

미니게임 3. 눈을 감고 그림책에 손가락을 짚어요. 가리킨 낱말의 획을 활동지에 기록합니다. 두 번 반복해요. 2개의 낱자 중 가장 획이 많은 글자를 가리킨 사람 순으로 금, 은, 동을 주세요.

미니게임 4. 20초 동안 그림책 속 문장을 필사해요. 낱자 10개 이상이면 금메달, 8~9개면 은메달, 7개 이하면 동메달을 수여해요. 아이의 수준에 맞게 기준을 바꿉니다.

미니게임 5. 포스트잇이나 포스트잇 크기로 종이를 잘라서 그림책에 나온 낱말을 씁니다. 2개씩 모아서 새로운 어휘를 만들어요. 예를 들어 '무지개 감자'는 다양한 맛이 나는 감자라고 이름 지을 수 있어요. 어휘를 깊이 있게 생각해 보는 시간이 돼요. 기발한 어휘를 3개 이상 만든 사람은 금, 2개를 만들면 은, 1개를 만들면 동메달을 주세요.

● 활용 팁: 아이 혼자 참여한다면 자기의 첫 번째 결과, 두 번째 결과, 세 번째 결과를 비교하여 금, 은, 동메달을 주세요. 그 이상 시도할 때도 더 잘한 결과에 메달을 바꾸어 줍니다. 미니게임 5는 포스트잇을 얼굴에 붙이고 흔든 다음, 먼저 떨어진 포스트잇 2장을 모아서 새로운 어휘로 만드는 활동으로 바꾸어도 좋아요.

쓰기를 즐겁게 만드는 놀이 2.
· ·

놀이

순서대로 문장 배달이요

도안

어절에 알맞은 순서로 이동시켜 문장을 바르게 완성합니다.

풍선을 높이 띄우고 풍선이 떨어지기 전에

어절을 맞게 배열하는 글자 배달 놀이예요.

- 준비물: 풍선, 문장 배달 활동지, 필기구
- 놀이 방법

① 그림책에서 보았던 문장을 써요. 그리고 어절 단위로 잘라요. 처음
에는 짧은 문장부터 시도해요. 예를 들어 다음과 같이 적어요.

| 아 | 이 | 가 | | 웃 | 었 | 어 | 요 | . |

② 어절을 순서대로 손가락으로 가리키며 읽은 다음, 어절을 섞어요.
③ 이제 풍선을 던지고 땅에 떨어지기 전까지 바른 순서로 어절을 하
나씩 옮겨요. 이동하는 어절 횟수만큼 풍선을 던질 수 있어요. 마지
막 어절까지 순서대로 옮기면 배달 성공이에요.

● 활용 팁: 아이가 문장을 배우는 수준이 아니라면 낱말을 써서 해도 좋아요. 몇 개의 낱말을 섞어서 하는 활동으로 바꿀 수 있어요. '사', '자'를 따로 자르고 2개를 알맞게 배열합니다. 풍선을 옷이나 헝겊으로 문지른 뒤에 문장 종이에 가까이 대면 달라붙어요. 이때 끌어서 올바른 위치로 옮기는 활동도 가능해요.

국어 수업 시간이었다. 아이들은 정리 활동으로 오늘 배운 어휘의 뜻을 개인 사전 노트에 썼다.

"선생님이 말한 낱말을 잘 썼네. 그다음, 뜻도 써 볼까? 쌍점 찍고."

은호는 처음 들어봤다는 듯이 나를 보았다. 예전에 영상도 보여 줬는데 잊었나 보다.

"점 2개 세워져 있는 거 있잖아. 쌍점. 땡땡."

아이는 알겠다는 얼굴로 써 내려갔다. 이어서 어휘의 뜻을 읽어 주었다. 은호는 열심히 받아 적었다.

"자, 얼마나 잘 썼나 볼까?"

노트를 보니 뜻은 잘 썼는데 쌍점을 ':'이 아니라 '땡땡'이라고 쓴 게 아닌가! 너무 귀여워서 웃고 말았다.

문법, 문학, 매체

문법, 어떻게 익숙해질까

．．．．．．．．．．．．．．．．．．．．

아이들뿐만 아니라 저도 어려운 부분이 문법이에요. 지금 이 책을 쓰는 동안에도 익숙하지 않은 문법을 사용하느라 진땀을 뺍니다. 아마 아이들도 초등 수준의 문법이 저처럼 느껴지리라 생각돼요. 우리는 '학교을 간다'라고 쓰면 어색함을 느껴요. 하지만 외국인은 글자가 뭔가 이상하다는 느낌으로 접근하기보다는 규칙을 따지며 잘못된 것을 압니다. 그들이 단번에 어색함을 찾기 어려워요. 왜 그럴까요? 우리는 풍부한 한글 속에서 글자를 접했기 때문에 문법을 모르더라도 규칙에 어긋나면 자연스럽지 못하다고 느껴요. 마찬가지로 다양하게 배우는 아이도 한글을 자주 접해서 규칙에 익숙해져야 해요.

학년별로 배우는 문법은 다음과 같습니다. 1, 2학년은 소리와 표기가 달라질 수 있다는 것을 알고 한글 자모의 이름과 소릿값을 정확하게 알아야 해요. 글자를 익힐 때는 소리와 표기가 같은 단어에 익숙해진 다음, '삶[삼]', '있어서[이써서]'와 같이 소리와 표기가 다른 단어로 넘어갑니다. 쓸 때와 소리 내어 읽을 때 다르다는 점을 알려 주어야 해요. 그림책은 글자를 재미있게 접하는 가장 좋은 교재예요. 평서문, 의문문, 감탄문과 같은 다양한 문장을 접하는 것은 물론, 그림책에 나오는 문장부호를 보고 기능을 이해하고 쓸 수 있어야 해요.

3, 4학년은 동사와 형용사의 기본형과 활용형을 배우고 국어사전을 활용하는 내용을 배워요. 하지만 사전 활용은 아이에게 쉬운 일이 아니에요. 부모가 잘 쓰는 게 아니라면 시간을 많이 투자할 필요가 없어요. 사전에서 낱말을 찾는 '기능'을 배우는 게 목적이 아닌데 낱말 찾는 법만 배우다가 끝나기 때문이에요. 사전 활용을 배우는 목적은 단어의 의미를 이해하고, 동형이의어와 다의어를 찾아보고, 동사와 형용사의 기본형과 활용형이 달라지는 경험 등을 하기 위해서입니다. 따라서 목적에 비추어 볼 때 차라리 아이가 온라인 사전에 익숙해지면 좋아요. 요즘은 네이버 검색창에 단어를 치면 해당 뜻이 나오고 발음도 들을 수 있어요. 활용도가 높고 맞춤법 검사기까지 있어서 오히려 국어 능력을 늘리기 좋아요. 그 밖에 3, 4학년 때는 높임 표현, 앞에서 나온 말을 가리키는 지시 표현과 문장과 문장을 연결하는 접속 표현 등에 초점을 둡니다.

5, 6학년은 표준어와 방언의 기능을 파악하고 한자어, 외래어, 고유어를 접하며 우리말을 소중히 여기는 태도를 배워요. 아이와 자주 쓰는 말에서 한자어와 외래어를 자연스럽게 찾아보면 어떨까요? 더불어 문장을 구성하는 성분의 관계를 배우고 과거와 현재 그리고 미래를 표현하는 언어를 배울 수 있습니다. 사진을 보며 과거에 있었던 추억을 이야기 나누고, 미래를 위한 가족계획을 함께 세우며, 과거, 현재, 미래에 관한 이야기를 나누면 좋아요.

왜 문학 작품을 읽어야 할까

문학은 예술입니다. 단순한 정보 전달을 넘어서 사람의 생각이나 감정을 언어로 표현하는 창작 예술 활동이에요. 초등에서는 시, 소설, 극, 수필까지 배운답니다. 다양하게 배우는 아이는 왜 문학 작품은 읽어야 할까요? 세상을 이해하고 해석하는 데 도움이 됩니다. 상상력이 풍부해지고 다양한 관점을 경험할 수 있으며 감정에 대한 깊은 이해가 가능해져요. 또한 의사소통 능력과 비판적 사고력을 기를 수 있어요.

문학에 관심을 가지기 위해서는 도서관을 이용하면 좋아요. 도서관은 다양한 종류의 책을 접할 수 있어요. 처음에는 낯설고 재미없는 곳이라고 느낄 수 있으니 되도록 도서관에 갈 때마다 아이에게 긍정적인 경험을 주세요. 예를 들어 도서관에서만 학습만화를 보거나 책을 읽은 뒤에 맛있는 간식을 먹어요. 여행을 갈 때 반드시 도서관을 들리는 가족 문화를 만들어도 좋고, 빌린 책 사이에 편지를 꽂아 주는 이벤트를 해도 좋아요. 빌릴 책 중 5권은 아이가 스스로 고르는 건 어떨까요? 내가 선택한 책이면 더 관심이 가요. 잘못 선택한 책조차 아이에게는 자기주도적 경험과 노하우로 남을 겁니다. 만약 책에 글밥이 많다면 부모가 적당히 글밥을 줄여서 읽어 주어야 흥미를 유지할 수 있어요. 읽은 책은 1~5점의 점수를 매겨서 가장 높은 점수를 받은 책은 기록해요. 다음에 책을 고를 때 책의 소재, 장르, 배경 등을 보고 비슷한 종류의 책을 고르거나 아이가 좋아하는 책을 쓴 작가의 다른 책을 골라 주세요.

아이 스스로 독서를 생활화하려면 먼저 약속을 함께해야 해요. 예를 들어 '나는 매일 그림책 3페이지를 읽겠습니다. 해내면 스마트폰을 1분 가지고 놀겠습니다'라고 써요. 부모는 "읽으라고 했잖아!"라고 잔소리하기보다는 약속을 언급하면서 안타깝다는 반응을 보이면 됩니다. "엄마는 놀게 해 주고 싶었는데 약속을 어겨서 어쩔 수가 없네. 도준아, 아쉽겠다."

이렇게 부모가 반응하면 아이는 화를 내는 대상을 부모가 아닌 약속으로 바꿔요. 이때 책의 기준은 아이가 내용을 기억하며 집중해서 읽을 수 있는 분량이어야 합니다. 어떤 책은 재미있어서 아이도 모르게 5페이지를 넘게 읽는 책이 있어요. 아이에게 맞는 책은 여러 번 읽도록 하고 읽어 주세요. 책과 친해지면 문학은 쉽게 다가와요.

1, 2학년은 말의 재미를 느끼고 자기 생각을 표현하는 데 목적을 둡니다. 흥미로운 말놀이, 수수께끼, 끝말잇기 등을 하고 목소리 크기, 속도, 억

양 등을 조절하며 동시를 낭송해요. 아이가 자기 생각과 느낌을 다양하게 표현할 수 있도록 해야 해요. 단순히 '좋았다, 싫었다, 나빴다' 대신 인상 깊었던 낱말 찾기, 나의 경험과의 연결 짓기, 다양한 감정어휘 표현하기로 확장해요. 3, 4학년은 이야기의 흐름을 파악하고 인물의 성격, 역할, 시간적 순서나 인과관계를 이해합니다. 자기가 선호하는 작품을 소개하며 오감과 같은 감각적 표현을 활용하는 경험을 가져요. 그림책을 보고 요약한 미니 그림책을 만드는 활동을 가지면 이야기의 흐름을 파악하기 좋아요. 5, 6학년은 작가의 관점에서 의도를 파악하고 인물, 사건, 배경으로 글을 분석하고 감상합니다. '왜'에 관한 질문이 많아지고 자기 경험과 문학을 연결 지어 생각하는 기회를 자주 주어야 해요.

미래 교육의 서막, 매체

매체는 2022 개정 교육과정에서 신설된 영역입니다. 매체와 매체 자료를 학습자와 어떻게 연결 짓고 의미를 만들어 내느냐에 초점을 둡니다. 여기서 매체란 책, TV, 스마트폰, 컴퓨터, 태블릿, 인터넷 등을 말해요. 책도 들어간다는 점이 인상적이에요. 매체 자료는 그림책, 만화, 뉴스, 광고, 웹툰, 애니메이션, 영화 등을 말해요. 매체를 다루지 못하는 사람들이 겪는 사회적 문제는 이미 나타나고 있습니다. 키오스크를 다루지 못해서 주문을 못하거나 버스나 기차를 스마트폰으로 예약하지 못해서 어려움을 겪는 사례가 대표적이지요.

생활뿐만 아니라 교육 분야도 마찬가지예요. 2025년부터 초등학교 3, 4학년을 대상으로 인공지능(AI) 디지털교과서를 적용해요. 2026년에는 초등학교 5, 6학년을 대상으로 확대됩니다. 여기에 발맞추어 교사들은 교실에서 다양한 매체를 더 많이 사용할 수밖에 없어요. 매체에 관한 기본적인 지식이 없다면 다양하게 배우는 아이는 학습을 따라가기 어려워요. 반대로 매체 활용 교육으로 작은 산만 넘는다면 맞춤형 교육의 바다로 나아갈 수 있어요.

가정에서는 자녀를 위해 올바른 매체 활용을 위한 모범을 보여 주세요. 가정에서 매체를 지나치게 이용하는 모습을 보여 준다면 그건 자녀에게 "나처럼 해!"라고 허락한 것과 같아요. 아이들은 이미 어릴 적부터 많은 매체에 빈번하게 노출되고 있습니다. 중독이 쉬운 환경에서 아이의 의지만으로 매체를 통제하기를 바랄 순 없어요. 그건 어른에게도 힘든 일이니까요. 따라서 사용 시간을 약속으로 정하고, 쓰는 프로그램만 깔고, 앱을 감추거나 차단하는 프로그램을 활용하는 등 다각도의 통제가 필요해요. 이것으로도 충분하지 않다면 스마트폰 감옥이라는 물리적인 도구로 디지털 디톡스 시간을 가질 수 있어요.

통제하는 습관과 더불어 가정에서는 매체와 관련된 어떤 교육을 해야 할까요? 첫째, 시범을 보여야 해요. 매체로 할 수 있는 일을 이야기해 주거나 부모가 자주 활용하는 매체를 소개할 수 있어요. 예를 들어 스마트폰으로 물건을 구매하는 과정을 함께 경험해요. 물건을 비교하고 평점을 보고 구매하는 전 과정을 체험한다면 자연스럽게 소비 습관과 경제 개념도 배울 수 있어요. 둘째, 매체의 기본 기능을 가르쳐 주세요. 전화기, 문자, 카메라, 플래시 등 기본 기능도 정말 다양해요. 특히 학교에서는 QR코드 찍기, 인터넷 검색하기, 사진이나 동영상 찍기, 글 입력하기, 음성을 텍스트로 변환하기 등을 자주 쓰므로 아이가 익숙하게 활용할 수 있었으면 해요. 인공지능(AI) 디지털교과서가 확대되면 스마트폰의 기본 기능이 첫 번째 숙제가 될 거예요. 셋째, 매체 사용 시 주의할 점을 알려 주세요. 함부로 모르는 전화 받지 않기, 모르는 문자 보지 않기, 문자 링크 누르지 않기, 나의 이름이나 생년월일 등의 개인정보 알려 주지 않기, 함부로 남의 사진을 찍거나 나를 찍지 않기 등에 관한 교육도 필요해요. 넷째, 생산적인 활동을 경험하도록 합니다.

[스마트폰을 활용한 생산적인 매체 교육]

① 스마트폰에 내장된 계산기 앱 활용하기

② 궁금한 점을 다양한 매체(뉴스 기사, 포털사이트, 책 등)에서 찾아보기

③ 노트 앱에 사진 첨부하기

④ 한 문장으로 타이핑하거나 셀카 영상으로 일기 기록하기

⑤ 아이와 동네 사진 찍고 사진전 열기

⑥ 영상 보며 종이접기 따라 하기

⑦ 자기가 해야 할 일을 알림 설정하기

⑧ 책을 읽는 목소리를 녹음하고 다시 듣기

⑨ 앱을 활용하여 그림책 카드뉴스 만들기

⑩ 아이와 함께 일과를 담은 브이로그 영상 찍기

⑪ 영상통화나 문자로 대화 나누기

⑫ 스마트폰에서 타자 치는 대신 음성으로 글쓰기

⑬ 달력을 통해 스케줄 관리하기

문법, 문학, 매체를 경험하는 놀이 1.

놀이

도안

이야기꾼 놀이

그림을 보고 아이와 번갈아 가며 이야기를 짓습니다.

이야기에서 가장 인상 깊었던 내용을 나눕니다.

- 준비물: QR코드 활동지

- 놀이 방법

① QR코드를 잘라서 카드처럼 만든 뒤에 섞고 카드 덱처럼 뒤집어요.

② 스마트폰 카메라 기능으로 QR코드 1장을 확인해요. 등장한 그림 이나 사진을 보고 이야기를 시작해요. 시작은 '옛날 옛적에'입니다. 내용을 모두 이용하거나 일부만 이용해도 돼요. 예를 들어 강아지 와 꽃이 나온 사진이라면 꽃만 소재로 이야기할 수 있어요.

③ 다음 사람이 다른 QR코드로 이야기를 지어요. 말문이 막힌 아이에 게는 그림 속 힌트를 주어 이야기를 쉽게 할 수 있도록 도와주세요.

④ 팀원이 목표로 정한 QR코드 수만큼 이야기를 만들면 공동 우승이에요. 이야기를 다시 복기하면서 좋았던 점을 서로 칭찬해요.

● 활용 팁: 이야기를 하나의 미니북에 그리는 활동을 하거나 그림책의 표지와 제목을 만드는 활동까지 하면 국어를 재미있게 배울 수 있어요. 처음에는 적은 QR코드 수에서 시작하며 점차 기록을 경신해요.

문법, 문학, 매체를 경험하는 놀이 2.

놀이

도안

제목 숨바꼭질 놀이
숨겨진 제목 쪽지를 가장 많이 찾는 편이 이기는 놀이입니다.

● 준비물: 종이컵 9개, 그림책 10권 이상, 제목 숨바꼭질 활동지

● 놀이 방법

① 종이컵을 뒤집어서 3×3으로 배열해요.

② 아이는 종이에 그림책 제목을 쓰고 접어서 쪽지로 만들어요.

③ 숨기는 팀은 종이컵에 제목 쪽지를 1개 숨겨요.

④ 찾는 팀은 종이컵을 하나 뒤집어 제목 쪽지를 찾아요. 찾는 팀은 종이컵을 총 세 번 뒤집을 수 있어요. 제목 쪽지를 찾았다면 큰 소리로 제목을 읽고 그림책을 탑처럼 1권 쌓아요. 세 번 안에 못 찾으면 숨기는 팀이 다른 곳에 그림책 1권을 세워요.

⑤ 이후에 찾는 팀과 숨기는 팀의 역할을 바꾸고 순서 ③부터 다시 시작해요. 총 5라운드로 활동한 뒤에 책탑을 가장 많이 쌓는 팀이 승리해요.

● 활용 팁: 가끔 특별한 제목 쪽지를 넣어 뽑으면 책을 2~3권 쌓을 수 있도록 해요. 협력 게임을 하려면 보지 않은 상태로 모든 팀원이 종이컵을 섞은 뒤에 시작해요. 책탑은 하나로 하되, 정한 높이 이상을 함께 쌓으면 공동 우승이에요.

문법, 문학, 매체를 경험하는 놀이 3.

놀이

파워포인트 올림픽 놀이

파워포인트의 기능을 활용하여

금, 은, 동메달의 올림픽 놀이를 즐깁니다.

● 준비물: 파워포인트 프로그램 및 컴퓨터

● 놀이 방법

미니게임 1.

미니게임 2.

미니게임 4.

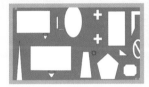

미니게임 6.

미니게임 1. 2개의 글자를 모두 알아맞히는 놀이예요. 글자를 2개 겹친 뒤에 글자 하나를 클릭하고 방향키를 눌러서 글자를 옮겨요. 방향키를 열 번 누를 때마다 점수가 10점에서 1점씩 줄어들어요. 점수가 가장 높은 순서로 금, 은, 동메달이에요.

미니게임 2. 무료 이미지 사이트에서 사진 1장을 받고 이미지를 파워포인트에 올려요. 직사각형 도형을 여러 개 삽입하여 이미지를 모두 가린 뒤에, 아이가 하나씩 도형을 제거하면 이미지의 부분만 보여요. 도형이 하나씩 제거할 때마다 10점에서 1점씩 줄어요. 이미지를 맞히면 해당 점수를 받아요. 아이도 파워포인트로 활동을 만든 뒤에 부모에게 퀴즈를 낼 수 있어요. 점수를 비교하여 금, 은, 동메달을 받아요.

미니게임 3. 파워포인트의 도형 이미지를 이용하여 그림책 표지와 비슷한 그림을 그려요. 그림의 세 가지 포인트를 잘 살리면 10점(금), 두 가지 포인트를 살리면 8점(은), 한 가지 포인트를 살리면 6점(동)이에요.

미니게임 4. 도형 이미지로 미로를 꾸며요. 미로의 출발점에서 이동할 말을 이미지로 만들고, 방향키를 움직여서 도착점까지 이동해요. 세 번 이상 벽에 닿으면 탈락입니다. 도착 시간의 범위를 만들어서 해당 시간에 따라 금, 은, 동을 주세요.

미니게임 5. 슬라이드를 이용하여 짧은 애니메이션을 만들어요. 슬라이드를 복제하고 기존 도형을 살짝 옮겨요. 모든 슬라이드의 도형을 조금씩 옮겼다면 슬라이드쇼를 해요. 다음 장면으로 옮길 때마다 스톱모션처럼 도형이 움직이는 느낌을 경험합니다. 창의성 점수, 스토리 점수, 기술 점수를 매기고 메달을 주세요.

미니게임 6. 한 슬라이드에 도형을 이용하여 2대의 우주선을 만들어요. 먼저 첫 번째 사람이 화살표 도형을 클릭해요. 자기 우주선에 커서를 대고 마우스를 누른 상태에서 눈을 감아요. 상대방 우주선 쪽으로 마우스를 끌어요. 그러면 화살표가 길게 그어집니다. 마우스를 놓고 상대 우주선을 확인해요. 화살표가 상대 우주선에 맞으면 +1점이에요. 이번에는 상대방도 같은 방법으로 활동해요. 세 번 맞으면 라운드가 끝나요. 다시 우주선을 옮기고 2라운드를 즐겨요. 총 3라운드까지 있어요.

● 활용 팁: 파워포인트 대신 캔바나 미리캔버스 사이트에서도 동일하게 활용할 수 있어요. 자기 기록과 대결해서 메달을 갱신하는 활동도 가능해요.

◆※**3장**

수학이
쉬워지는
기초
다지기

수와
연산

수학 공부는 나일강 강물처럼 미세한 것에서

시작하여 엄청난 것으로 끝난다.

−18세기 후반 영국 작가이자 성직자인 C. C. 콜턴

　수학은 세상을 이해하는 데 필수적인 언어라서 작은 내용이더라도 큰 도움을 줍니다. 다양하게 배우는 아이가 독립적인 주체로서 살지 못하는 이유를 수학에서 찾는 학자들도 있어요. 수학은 기초 학력의 필수개념일 뿐만 아니라, 생활 곳곳에서 활용돼요. 기초 학력이란 빠르게 변화하는 환경에 대처하고 주도적으로 자기 삶을 살아가기 위해 필요한 최소한의 능력을 말해요. 그리고 이를 위해 3R's(읽기/Reading, 쓰기/Writing, 셈하기/

Arithmetic)를 반드시 배워야 해요.

그렇다면 다양하게 배우는 아이들은 왜 수학을 어려워할까요? 첫째, 수학은 단계성을 가졌습니다. 수학은 나선형 모양으로 점차 커지는 형태로 누적돼요. 즉, 하나의 개념을 확립하지 못하면 다음 학습으로 나갈 수 없어요. 100의 개념을 모르는데 1000의 개념을 알기는 힘들어요. 둘째, 수학은 추상적 개념이 많습니다. '귤 10개에서 7개를 먹으면 몇 개가 남을까?'라고 물으면 우리는 '10-7'이라고 추상화하지만, 아이들에게는 어려운 일이에요. 셋째, 기초 개념이 부족합니다. 개념 이해보다는 암기 위주의 방식으로 학습해요. 받아올림이 있는 문제를 배울 때 받아 올리는 보조 숫자 1을 미리 다 쓰고 계산하는 아이가 있어요. 답이 맞으니까 결과만 보면 이 아이는 수학을 잘하는 걸까요? 연산 원리를 이해한 건 아니니 잘한다고 말할 수 없어요. 넷째, 실생활 연계가 부족합니다. 이 내용이 실제 생활과 어떻게 연결되는지 모르면 동기와 흥미가 떨어져요. 이번 장에서는 개정된 교육과정을 반영한 영역별 수학 지도 방법을 알려드리겠습니다.

제일 먼저 살펴볼 것은 '수와 연산'입니다. 수와 연산은 가정에서 수학 공부를 할 때 가장 큰 비중을 차지해요. 실제로 교과서 영역 비율을 보면 수와 연산이 60% 이상 차지할 정도로 중요해요. 실생활에서도 많이 쓰여서 다양하게 배우는 아이가 가장 중요하게 여겨야 할 영역이에요. 생산과 소비 그리고 재테크를 위해서는 수와 셈하기가 필수예요. 시간 관리 역시 숫자부터 시작하죠. 버스 타기, 아파트 동호수 찾기, 물건 계산하기, 음식 나누기, 재고 관리하기, 가격 비교하기 등 삶 속에는 수와 연산이 자주 등장합니다.

수와 연산 개념을 지도하기 위해서는 크게 두 가지를 꼭 해야 해요. 첫째, 다양한 경험이 밑바탕에 있어야 해요. 여기서 경험이란 직접 손으로 구체물을 다루고 생활 속에서 스스로 조작하는 것을 말해요. 가정에서도 수와 연산을 반드시 몸으로 경험하도록 해 주세요. 젓가락을 나누어 식탁에 놓고, 돈을 바르게 세고, 영수증의 가격을 확인하고, 시계의 바늘이 9가 될 때까지 노는 등 수와 연산을 경험해야 해요. 이때 가볍게 수와 연산의 기초를 짚어 주세요. 제가 추천하고 싶은 방법은 보드게임이에요. 아이가 수와 연산을 즐겁게 경험하는 가장 좋은 방법이지요. 수와 연산을 주제로 한 보드게임이 아니더라도 게임을 즐기는 과정에서 자연스럽게 수 감각과 연산의 기초를 익히게 돼요. 당근, 중고나라와 같은 중고 앱에서 저렴하게 구매할 수 있어요.

둘째, 매일 눈으로 볼 수 있는 학습을 해요. 먼저 '매일'이 중요합니다. 반드시 하루에 한 문제 이상은 풀어야 해요. 저는 아이가 문제를 틀리면 비슷한 문제를 여러 개 만들어서 풀도록 지도하고 있어요. 반복하다 보면 수학 원리가 익숙해져요. 다음으로 '눈으로 볼 수 있는' 학습이어야 해요. 손으로 만질 수 있는 교구에 익숙해지면 그림 카드, 그래프, 수직선과 같은 시각화된 자료로 수와 개념의 이해를 넓혀야 해요. 시각화된 자료는 추상적 개념을 돕는 중요한 자료랍니다. 추상화된 문장이나 개념을 구체적인 그림으로 나타내는 연습이 필요해요.

◆ PLAY BOX

수와 연산을 즐길 수 있는 놀이 1.

놀이

최고의 분수 피자 놀이

도안

상한 피자를 피하고 최고의 피자를 고르는 활동 속에서
분수의 개념을 배웁니다. 가장 높은 점수를 가진 사람이 승리하는 놀이입니다.

● 준비물: 피자 카드 활동지

● 놀이 방법

① 피자 카드를 섞어요. 카드 덱을 뒤집은 뒤에 5장씩 나눠 주어요.

   (2인은 5장, 3인 이상은 4장)

② 자신만 카드를 보고 뒤집은 상태로 5장을 바닥에 내려놓으며 외쳐

   요. "피자 배달 왔습니다."

③ 상대는 뒤집힌 카드 중 1장을 가져가서 확인해요. 그리고 가지고 있

   는 카드 중 1장을 돌려주며 말해요. "잘 먹었습니다." 돌려주는 카

   드는 일반 분수 피자 카드(예: 1/2, 1/3, 1/4 카드 등)만 가능해요. 최고의

325

분수 피자 카드와 상한 피자 카드는 돌려줄 수 없어요.

④ 이번에는 역할을 바꿔서 순서 ②와 ③의 활동을 해요. 1라운드가 끝
났어요. 총 3라운드를 진행한 뒤에 전부 카드를 공개해요. 점수를
계산하여 가장 높은 점수를 받은 사람이 승리해요.

점수 기준　　1. 최고의 분수 피자 카드 3점

2. 같은 크기의 분수 피자 카드 2점

(예: 1/3 카드를 2장 가지고 있으면 2점입니다.)

3. 크기가 다른 분수 피자 카드 1점

4. 상한 분수 피자 카드 −3점

● 활용 팁: 아이와 함께 나만의 분수 카드를 만들어 활용할 수 있어요.
'더' 맛있는 최고의 피자 카드와 '더' 상한 피자 카드를 만들어서 놀이
의 재미를 더해 보세요.

수와 연산을 즐길 수 있는 놀이 2.

놀이

자릿값 탐정 놀이

도안

상대방이 가져간 숫자 카드를 추측하는 2인 놀이입니다.

카드의 모든 숫자를 맞춘 사람이 승리합니다.

- 준비물: 1부터 9까지 적힌 숫자 카드 9장, 0이 적힌 숫자 카드 2장, 자릿값 놀이판

- 놀이 방법

  ① 카드를 섞은 뒤에 모아서 뒤집어요. 1장은 보지 않은 상태로 따로 빼요. 그리고 각자 카드를 2장씩 나눠 줘요.

  ② 카드는 본인만 확인하고 수의 순서에 맞게 나란히 바닥에 놓아요. 카드는 뒤집힌 상태여야 해요. 상대에게 보여 주면 안 됩니다. 숫자 카드는 자릿값 놀이판에 둡니다. 다만 주의할 점은 카드 숫자는 왼쪽에서 오른쪽으로 커지도록 배치해요. 숫자 0은 아무 곳에 둘 수 있지만 맨 앞에는 안 돼요. (예: 0345는 불가능합니다.)

  ③ 두 가지 행동을 순서대로 해요.

  행동 1. 덱에서 카드 1장을 가져와요. 카드를 순서에 맞게 재배치해요.

  행동 2. 상대방 카드 중 하나를 가리키며 예상되는 숫자를 말해요(예: "1이지?"). 맞으면 상대방은 해당 카드를 공개해요. 이어서 또 맞추거나 상대방에게 차례를 넘겨요. 만약 행동 2를 했는데 내가 말한 숫자가 없다면 상대의 차례가 되고 틀린 나는 카드 1장을 공개해요. 만약 처음부터 행동 2를 하기 싫다면 차례를 상대에게 넘겨도 돼요.

④ 이번에는 상대의 차례예요. 순서 ③의 행동 1, 2를 해요. 상대의 숫자 카드를 모두 맞춘 사람이 다섯 자리 수를 읽고 승리 포즈를 취해요.

● 활용 팁: 처음 게임을 접하는 아이는 0~9까지 하기보다는 0~7까지의 수 카드로 네 자리 수 맞히기를 충분히 연습한 뒤에 더 많은 카드로 놀이를 즐겨요. 3인 이상이 참여하려면 0~9까지의 카드를 한 덱 추가해요. 룰은 같지만 같은 숫자 카드가 나오면 두 카드를 나란히 두세요.(예: 20337로 두어요).

수와 연산을 즐길 수 있는 놀이 3.

놀이

페트병 타이타닉 놀이

돌림판을 돌려서 나온 숫자만큼 동전을 페트병 배에 넣습니다.

가라앉은 사람은 벌칙에 당첨됩니다.

● 준비물: 큰 페트병, 다수의 동전, 돌림판 또는 주사위, 세숫대야(냄비)

- 놀이 방법

① 페트병의 밑부분만 남기고 잘라서 배를 만들어요. 손가락이 베이지 않도록 주의해야 해요. 물을 담은 세숫대야에 페트병 배를 띄웁니다.

② 순서대로 돌림판을 돌리거나 주사위를 굴려서 나온 숫자만큼 동전을 배 위에 올려놓아요. 돌림판을 이용할 때는 놀이 영상을 참고해서 칸을 채워 주세요. '실수!' 글자가 걸렸다면 조금 높은 위치(미리 합의한 높이)에서 동전 하나를 떨어뜨려요.

③ 페트병이 가라앉을 때까지 돌아가며 게임을 진행해요. 배를 가라앉게 한 사람이 미리 정한 벌칙을 받아요.

- 활용 팁: 돌림판에 뺄셈도 넣을 수 있어요. −1이 나오면 페트병 배에서 조심히 동전을 1개 뺍니다. 나온 수의 +1을 하여 하나 더 많은 동전을 넣는 활동도 가능해요. 돌림판 대신 주사위를 돌릴 때는 4는 1개, 5는 2개의 동전을 넣어요. 마지막으로 6이 나오면 높은 곳에서 떨어뜨립니다. 돌림판이나 주사위가 없다면 같은 수의 동전을 받고 가위, 바위, 보의 규칙으로 진 사람이 동전을 올려 두세요(가위: 1개, 바위: 2개, 보: 3개).

변화와 관계

2차 세계대전 때 연구진이 전투를 마치고 돌아온 전투기의 총알 자국을 분석했어요. 전투기에서 중요한 엔진이나 조정석에는 총알 자국이 별로 없고 날개에만 총알을 맞은 흔적이 몰려 있었지요. 모두가 날개를 보강하자고 말했지만, 수학자의 생각은 달랐어요. "엔진, 조정석, 날개 모두 총알을 맞을 확률은 비슷합니다. 오히려 살아서 돌아온 전투기의 엔진이나 조정석에 총알 흔적이 적다는 것은 그 부분에 손상을 입으면 귀환하지 못한다는 뜻 아닐까요?" 그래서 결국 엔진과 조정석을 보강하기로 했어요. 수학의 변화와 관계를 잘 분석하고 활용한 좋은 사례입니다.

변화와 관계는 세부 소비 계획과 비중, 일정 짜기, 요리의 레시피 비율, 신호등의 관계, 물건의 할인율, 식습관과 체중 관계, 균형 잡힌 식단, 적금

금리와 만기 결과 등 생활 곳곳에서 쓰이고 있어요. 개인적인 경험으로는 다양하게 배우는 아이의 상당수가 변화와 관계 영역을 유독 어려워한다고 느꼈어요. 규칙과 관계를 꾸준히 관찰하다가 '아하!'라는 깨달음 단계에 도달하는 건 쉬운 일이 아니에요. 아이들이 틀리는 유형을 보면 대부분 두 가지입니다. 첫째, 변화는 감지하지만, 그 안에서 어떤 관계가 있는지 알아차리기 힘들어해요. 둘째, 규칙을 알게 되면 해당 방법으로만 적용하는 모습을 보여요.

아이의 시야를 넓히는 변화와 관계 지도 방법

관계를 알기 위해서는 생활 주변의 현상에 관심을 가지고 관찰하거나 조작해야 해요. 반복되는 과정을 몸소 느끼면 어떤 관계가 있는지 찾을 수 있어요. 예를 들어 횡단보도에서 단순히 파란불과 빨간불이 바뀌는 과정만 보는 게 아니라 차량 신호등까지 보면 변화와 관계의 흐름을 파악할 수 있어요. '아! 차량 신호등이 파란불과 좌회전 신호가 켜지니까 횡단보도도 파란불이 되었네.' 생활 경험 속에서도 규칙을 찾을 수 있어요. 그네를 탈때도 "열 번만 밀어 줄게."라고 말하면 그네가 왔다 갔다 움직일 때 그 안에서 규칙이 생겨요. 한 번 밀 때마다 오는 결과와 가는 결과, 총 두 번의 결과가 생기지요. "(그네가 왔다 갔다 움직이는 모습을 보며) 하나, 둘, 하나!(그네를 민 횟수) 하나, 둘, 둘!(그네를 민 횟수)" 이렇게 세는 리듬감에서 규칙을 느껴요. 그 밖에 날씨와 온도 기록하기, 용돈 저금하기, 신발·옷·책 정리하기, 요리 도와주기, 패턴 무늬 찾기, 보드게임 하기, 식물 키우기, 같은 목적지까지 걷는 시간 재기, 키와 몸무게 기록하기 등에서도 변화와 관계를 체험할 수 있어요.

부모가 규칙을 설명하면 아이가 배우기 싫어서 거부할 수도 있어요. 그럴 때는 음악 리듬처럼 재미있게 음을 넣으면 아이도 거부감이 덜합니다. 교과서나 문제집에 나오는 문제를 어려워할 때는 변화와 관계를 찾을 수 있도록 난도를 낮출 필요가 있어요. 난도를 낮추는 대표적인 방법에는 그림으로 표현하기, 변하는 부분만 표시하기, 블록과 같은 구체물로 조작하기, 표로 나타내기 등이 있어요. 저는 요즘 ChatGPT에게 재테크의 복잡한 금리 비교를 맡기고 있어요. 다양하게 배우는 아이 역시 성인이 되었을 때 AI 비서의 도움을 받는다면 난해하던 변화와 관계 영역에 실질적인 도움을 얻으리라 생각돼요.

변화와 관계를 배우는 놀이 1.

놀이

도안

틱택토 놀이

종이컵을 번갈아 두되 한 줄을 먼저 만든 사람이 승리하는
틱택토 놀이입니다. 다만 기존 게임과 다른 점은
큰 수의 종이컵을 작은 수의 종이컵 위에 둘 수 있는 변형 규칙이 있어요.

- 준비물: 종이컵 12개, 틱택톡 놀이보드판 활동지

- 놀이 방법

  ① 참여자에게 종이컵을 각각 6개씩 주세요. 그리고 종이컵 바닥에 1,
  2, 3 숫자를 적도록 합니다. 1, 2, 3 숫자는 각각 2개씩 적어요. 이제
  순서를 정한 뒤에 번갈아 게임판에 말을 둡니다.

  ② 다음 규칙에 맞게 행동해요.

  규칙 1. 상대의 종이컵보다 큰 숫자의 종이컵이 있다면 같은 자리에 종
  이컵을 겹치게 둘 수 있어요.

규칙 2. 상대와 종이컵 숫자가 같거나 작다면 다른 위치에 두어야 해요.

③ 한 줄을 먼저 만든 사람이 승리합니다. 대각선으로 한 줄을 만들 수
   도 있어요.

- 활용 팁: 게임에 익숙해지면 뒤돌아서 보지 않은 상태로 게임을 진행
  할 수 있어요. (예: "가운데 중앙에 3을 놓아요", "왼쪽 위에 1을 놓아요.") 보
  지 않는 게임을 쉽게 하려면 한 장소에 종이컵은 딱 1개만 놓을 수 있
  어요. 익숙해지면 기존 규칙으로 진행해요. 기억력 게임으로도 즐겨
  보면 어떨까요?

변화와 관계를 배우는 놀이 2.

도안

땅따먹기 테트리스 놀이

규칙적으로 무늬를 채워서 가장 많은 땅을 차지한 사람이 승리해요.

모양과 공간의 관계를 생각하며 채우는 놀이입니다.

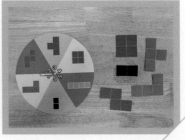

- 준비물: 땅따먹기 돌림판과 보드판 활동지, 색연필

334

① 게임 차례를 정한 뒤에 원하는 색연필을 골라요. 해당 색은 본인만 칠할 수 있어요.

② 활동지 도안을 오려 붙여서 땅따먹기 돌림판을 만듭니다. 돌림판을 돌린 다음, 나온 모양대로 땅따먹기 보드판을 색칠해요.

③ 다음 사람도 같은 활동을 해요. 순번에 맞추어 돌림판을 돌리고 색연필로 칠해요. 단, 남이 칠한 곳에는 겹쳐서 칠할 수 없어요.

④ 테트리스처럼 한 줄을 완성한 사람은 1칸을 더 칠하도록 해요. 만약 보너스 1칸으로 다시 한 줄을 완성했다면 이 한 줄은 혜택이 없어요. 공간이 부족해서 칠할 수 없다면 X 표시를 하고 게임을 끝내요.

⑤ 자신의 색깔 칸이 많으면 승리합니다.

● 활용 팁: 칸을 색칠하기보다 네모 표시를 하면 시간을 절약할 수 있어요. 협력 게임을 하려면 2 대 2로 하거나 같은 팀이 되어 15라운드 안에 60칸을 채우는 놀이로 변형해요. 주사위나 온라인 돌림판을 이용해도 좋아요. 숫자가 나오면 해당 칸의 블록을 그립니다.

변화와 관계를 배우는 놀이 3.

놀이

변해라 얍!

주사위를 던져서 같은 수만큼 마법

도안

지팡이의 빈칸을 채우고, 상대에게 마법을 쓰는 놀이입니다.

수의 관계를 인식하고 배열하는 경험을 반복할 수 있어요.

● 준비물: 주사위 6개, 마법 지팡이 이미지와 블록 활동지

● 놀이 방법

① 마법 지팡이 이미지를 인쇄해요. 주사위 6개를 준비하기 힘들다면 인터넷 속 주사위를 활용해요.

② 마법의 힘을 얻는 방법은 두 가지예요.

○ 주사위를 던져서 같은 숫자가 나온 횟수를 확인합니다. 만약 3, 3, 5, 5, 2, 5가 나왔다면 같은 숫자는 (3, 3), (5, 5, 5)가 돼요. 따라서 마법의 힘을 총 5칸 얻어요. 작은 블록을 5칸 이동하세요.

○ 연속된 숫자의 개수만큼 작은 블록을 놓을 수도 있어요. 단, 2개의 수가 연속으로 됐을 때는 마법의 힘을 쓸 수 없어요. (예: 숫자 3, 4, 5, 6이 나오면 4칸을 채웁니다. 하지만 3, 4만 나왔다면 아무런 일도 생기지 않아요.) 정리하자면, 마법의 힘을 채우는 방법은 공통의 숫자가 나오는 방법 또는 연속된 숫자가 나오는 방법, 둘 중 하나만 선택하여 활용해요.

③ 마법의 조건이 되면 상대방의 모습을 호랑이, 강아지, 생쥐, 개구리, 파리 순서로 바꿀 수 있어요. 마법 지팡이를 5칸 채우면 호랑이, 강아지, 생쥐로 변하게 할 수 있어요. 그다음 마법부터는 7칸을 채워야 개구리, 파리 순서로 바꿀 수 있어요. 마법을 쓸 때마다 동물 그림을 뒤집어요. 마법을 쓰고 나면 블록을 지팡이에서 빼고 다시 시작해요.

④ 상대를 먼저 파리로 만든 사람이 승리합니다.

● 활용 팁: 서로 대결하는 게 싫다면 공동의 적을 두고 마법을 쓰는 방식으로 바꿀 수 있습니다. 인형(적)을 두고 인형의 차례가 되면 주사위를 대신 던져 주세요. 주사위 6개는 인원수에 맞게 골고루 나누어 주고 한 팀으로 활동해요.

도형과
측정

　도형은 생활 속에서 접할 기회가 많아서 다양하게 배우는 아이가 친숙하게 여겨요. 반면에 측정은 힘들어해요. 아이들은 왜 측정을 어려워할까요? 가장 큰 원인은 경험의 부족입니다. 학교에서 잠깐 배운 지식만으로는 길이, 무게, 들이 등의 측정 개념을 이해하기가 어려워요. 1L, 1g, 1km와 같이 용어 자체가 너무 낯설고, 재는 경험도 충분하지 않아요. 그래서 연필 길이를 물어보면 11m라고 답해요. 측정을 어림짐작하는 감각은 빈약하고 숫자와 낯선 단위를 연결하기도 쉽지 않아요. 거기다 cm를 m의 단위로 바꾸라는 단위 환산까지 더하면, 아이는 당황할 수밖에 없답니다.

　하지만 측정은 실생활에서 굉장히 중요해요. 옷의 길이를 알아야 나에게 맞는 옷을 입을 수 있어요. 거리 개념을 알아야 내비게이션을 보며 목적지를 찾아갈 수 있지요. 제빵을 하려면 재료의 무게를 정확하게 재야 하고, 약을 먹으려고 해도 용량을 정확하게 알아야 해요.

측정 개념을 확립하는 효과적인 지도법

그렇다면 아이의 측정 개념을 어떻게 지도할까요? 실생활에서 길이, 무게, 양, 시간, 각도 등의 개념을 충분히 경험할 수 있는 역할을 주세요. 즉, 아이가 조작, 비교, 측정, 보상의 과정을 가지도록 합니다.

[측정 개념 이해하기]

· 조작 활동: 장 본 뒤에 양손에 봉지를 들어보기

· 비교 활동: 둘 중에 가벼운 것 들기

· 측정 활동: 물건의 무게를 어림짐작한 뒤에 실제 물건의 무게 재기

· 보상 활동: 예상한 측정 결과가 실제 무게와 가까우면 간식 선물하기

자연적인 측정 경험은 보통 부모가 대신 해 주는 경우가 많기 때문에, 아이들은 측정 경험이 부족해요. 그러니 생활 속에서 측정하도록 의도적인 환경을 만들어야 합니다. 아이에게 측정을 위한 역할을 맡겨 보세요.

[아이의 측정 경험 환경 만들기]

① 물건을 살 때 몇 ℓ, 몇 g인지 아이가 쇼핑 리스트에 기록하기

② 숫자와 단위를 기록하면 간식 사 주기

③ 기록이 힘든 아이는 스티커를 물건의 측정 단위 옆에 붙이기

④ 1km나 100m를 직접 걷고 시간 기록하기

⑤ 만보기를 통해 실제로 몇 걸음 걸었는지 알기

⑥ 마트와 공원으로 가는 길의 거리 비교하기

⑦ 네이버 지도에서의 길이와 실제 내 걸음(간접 비교) 비교하기

⑧ 집 안에 있는 물건의 길이와 측정 단위 기록하기

⑨ 영수증에 나온 숫자와 단위 기록하기

⑩ 다 먹은 우유에 물을 채우는 놀이로 1ℓ 배우기

⑪ 용기에 물을 몇 컵이나 담을 수 있는지 물놀이하기

⑫ 여러 그릇에 물을 담아 비교하기

⑬ 옷이나 신발을 직접 비교 후 줄자로 재기

⑭ 일기를 쓸 때 자신의 키와 몸무게 또는 체온을 재어 기록하기

⑮ 내가 좋아하는 물건의 무게를 재고, 무거운 것과 가벼운 것 알기

⑯ 다양한 물건을 '한 뼘'이라는 단위로 비교하기

⑰ 내가 먹을 저녁 음식을 식판에 담아 무게 재기

⑱ 함께 요리하며 음식 재료 측정하기

⑲ 택배 상자를 겹치거나 펼쳐서 넓이 비교하기

재미와 이해를 모두 챙기는 도형 공부 방법

동그라미를 원으로, 세모를 삼각형으로 불러야 하는 것처럼 기존의 도형 개념을 확장해 주어야 해요. 도형 개념에 효과적인 지도 방법을 알아볼까요? 첫째, 구체적인 조작 활동을 해야 합니다. 점토, 색종이, 블록, 빨대 등으로 도형을 만들어요. 실제 물건을 대고 그리는 활동으로 도형을 표현해요. 둘째, 탐색 활동을 충분히 가집니다. 도형을 보고 내가 알고 있는 도형과 다른 점을 찾아요.

> 부모: 두 원은 어떤 차이가 있을까?
> 아이: 이건 원 가운데에 점이 찍혀 있어요.
> 부모: 그 점을 원의 중심이라고 해. 컴퍼스로 그리면 그렇게 점이 생겨. 같이 만들어 볼까?

셋째, 미션을 주고 해결하는 게임 형식을 추천합니다. 마시멜로와 파스타 면으로 가장 높게 탑을 만드는 마시멜로 챌린지를 즐기면 재미도 있고, 입체도형 속 모서리, 꼭짓점, 면의 개념도 자연스럽게 익힐 수 있어요. 동네에서 직각, 직사각형, 직육면체 등을 찾는 미션도 가능해요. 넷째, 교구를 활용합니다. 삼각자, 직각 틀, 칠교놀이, 입체도형, 전개도, 도형 앱, 지오보드판 등 직관적으로 도형의 개념을 이해할 수 있는 도구를 이용해요. 그 밖에 교과서에 나온 도형의 용어를 일상생활에서 자주 써 주세요.

PLAY BOX

도형과 측정을 즐기는 놀이 1.

놀이

도안

시간 만들기 놀이

아이들이 태양이 되어 정해진 시간을 만드는

랜덤 놀이입니다. 가장 먼저 시간을 맞추는 사람은

상황 트로피 카드를 받고,

가장 많은 트로피를 받은 사람이 최고의 해가 됩니다.

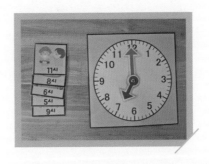

● 준비물: 돌림판, 할핀, 클립, 모형 시계 도안과 상황 트로피 카드

● 놀이 방법

① 모형 시계 도안을 오려 붙여서 시계 돌림판을 만들어 주세요. 상황 트로피 카드는 오려서 반으로 접어요. 상황 트로피 카드는 오전과 오후로 나뉘는데, 게임을 할 때는 오전 카드나 오후 카드 둘 중 하나로만 즐겨요.

② 상황 트로피 카드를 모으고 1장만 꺼내 확인해요. 시계 모형은 12시

에서 시작하고 미리 정한 순서대로 돌림판을 돌려요.

③ 돌림판을 돌리기 전에 '시계 방향', '반시계 방향'이라는 말을 외친 뒤에 돌림판을 돌려요. 예를 들어 아침에 일어나는 상황 트로피의 시간이 '7시'이고, 현재 시계 모형은 '10시'라면 아이가 "반시계 방향!"을 외치고 돌림판을 움직여요. 만약 '3시간'이 나왔다면 시계 모형을 3시간만큼 반시계 방향으로 거꾸로 돌려서 7시를 만들 수 있어요. 이로써 아침 7시에 일어나는 상황 트로피가 완성되었어요. 해당 카드를 받아요.

④ 모두가 돌림판을 돌려도 상황 트로피를 받을 수 없다면, 새로운 상황 트로피를 추가해요. 좀 더 트로피를 가져갈 확률이 높아져요. 가장 많은 트로피를 받은 사람이 승리해요.

● 활용 팁: 아이의 수준에 따라 '분'까지 게임에 넣을 수 있어요. 30분 단위, 10분 단위, 5분 단위, 1분 단위를 상황 트로피 카드에 넣어 활용해요. 예를 들어 12시 30분 점심시간 트로피가 있고, 현재 시계 모형은 6시라고 가정하죠. "시계 방향!"을 외치고 돌림판을 돌려서 '6시간'이 나왔다면 6시간을 이동하면 12시가 됩니다. 아이와 12시를 만든 뒤에 "30분!"을 외치며 12시 30분까지 시각을 옮겨요. 즉, '시'만 맞으면 '분'은 자연스럽게 달성한 것으로 해요. 팀 게임도 가능해요. 한 팀은 오전 트로피만 모으고 다른 팀은 오후 트로피만 모아요.

놀이

다리 공사 놀이

부모는 정부가 되고, 아이는 기업이 됩니다.

기업은 정부의 제안에 따라 다리 건설을 수주합니다.

정확한 길이의 다리를 만드는 팀이 높은 점수를 받고 승리하는 게임입니다.

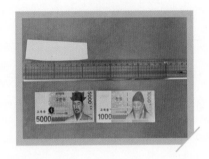

● 준비물: 줄자 또는 플라스틱 자, A4 종이, 가위

● 놀이 방법

① 부모(정부)가 아이(기업)에게 부탁해요. 예를 들어 이렇게 말할 수 있어요. "이번에 독도와 울릉도를 잇는 25cm 다리를 건설하려고 합니다. 지어 주실 수 있을까요?"

② 아이는 A4 종이를 잘라서 직사각형 모양의 다리를 건설해요. 이때 자로 재지 않고 어림짐작하여 만들어요.

③ 부모는 아이와 함께 자로 길이를 재요. 정확한 길이의 다리는 10점입니다. 단, 주문한 길이에서 1cm씩 벗어날 때마다 -1점을 해요. 예를 들어 17cm 다리를 만들어야 하는데 10cm 다리를 만들었다면 -7

점으로 3점(10-7)만 얻을 수 있어요.

④ 5라운드를 마치고 점수가 20점보다 높다면 성공이에요. 길이 감각이 늘수록 목표 점수를 높여요.

● 활용 팁: 여러 명의 아이가 만든 다리를 합쳐서 최종 길이를 만드는 협력 게임도 가능해요. 그리고 점수 대신 화폐 교구를 사용하는 것도 좋아요. "안녕하세요. 정부(부모)입니다. 20cm 다리를 부탁합니다. 투자금은 만 원입니다."라고 요청합니다. 그러면 아이들은 다리를 만들고 정부는 길이에서 1cm 오차가 날 때마다 천 원씩 깎습니다. 만약 20cm 다리를 만들어야 하는데 결과가 22cm라면 2cm 오차이므로 2천 원을 깎은 8천 원만 받을 수 있어요.

도형과 측정을 즐기는 놀이 3.

놀이

평면도형의 이동 놀이

장기처럼 각각의 평면도형마다 다른 움직임이 있어요.
상대방 위치까지 모든 도형이 이동하면 승리합니다.

도안

- 준비물: 평면도형 게임 말과 게임판 활동지

- 놀이 방법

  ① 평면도형 말들을 나의 영역에 배치해요.

  ② 상대방과 차례대로 말을 하나씩 이동해요.

  규칙 1. 평면도형마다 화살표 표시의 방향대로 움직일 수 있습니다.

  규칙 2. 나의 말이나 상대의 말을 뛰어넘을 수 있습니다. 같은 위치에 있을 순 없어요.

  ③ 모든 말이 상대의 영역에 먼저 나란히 있으면 승리해요.

- 활용 팁: 말을 움직일 때마다 평면도형의 이름을 언급하도록 해요. 3개의 말로 하는 놀이에 익숙해졌다면 평면도형의 말을 늘리거나 새로운 평면도형을 만들어 보세요.

자료와 가능성

예전에 통합학급에서 따돌림까지는 아니지만 좋은 호감을 받지 못했던 제자 훈이가 있었어요. 어떻게 장애 인식 개선 교육을 할까 하다가 반 아이들을 대상으로 미리 설문 조사를 하기로 했습니다. 배움이 느린 친구를 주제로 인성 설문 조사를 진행한 후, 잊힐 때쯤 훈이를 대상으로 바꿔서 유사한 질문지를 돌렸어요. 두 결과를 비교해 보니, 불특정 친구에게는 호감을 표현했지만, 훈이에게는 부정적인 인식이 많았었어요. 이를 통해 아이들은 대상이 같음에도 결과가 다르다는 인지적 부조화를 깨우치게 되었지요. 함께 깊이 있는 이야기를 나눌 수 있었고, 훈이를 바라보는 아이들의 태도도 한결 나아졌어요. 이처럼 데이터 기반의 의사 결정은 삶에 많은 영향을 끼쳐요. 복잡한 정보를 간결하게 분류하고 시각화하여 편리하게 이용할 수 있도록 도와주는 게 자료와 가능성의 영역이에요.

다양하게 배우는 아이가 도형만큼 쉽게 다가갈 수 있는 내용이라서 기초적인 개념만 배운다면 자신감을 가지고 참여하는 모습을 볼 수 있어요. 아이들에게는 자신감을 가질 수 있는 영역이 있어야 해요. 그 탄력으로 다른 영역을 도전할 수 있기 때문이죠.

자료를 수집하고 정리하는 과정은 생활과 밀접할수록 재미있어요. 자료를 직접 가르고 모으고 기록하여 정리한다면 자연스럽게 자료와 가능성의 개념을 배울 수 있지요. 책, 장난감, 수저와 같이 집안에서 친숙하게 접하는 물건의 개수를 분류하고 같은 장소(바구니, 서랍 등)에 정리 정돈을 하도록 해요. 집에 간식 창고를 만든 뒤 간식의 종류와 수량을 조사표로 정리하고 업데이트한다면, 아이는 흥미롭게 참여할 수 있어요.

다만 그래프는 다릅니다. 처음 그래프를 접한 아이는 당황해요. 그래프의 내용을 해석하기 어려워하고 교사가 하는 질문도 잘 이해하지 못해요. 사실 다른 영역보다 쉽게 배울 수 있지만 아이들은 의외로 그래프를 어렵게 생각해요. 왜 그럴까요? 주어진 표와 그래프를 보고 의미를 이해하기에는 경험이 많이 없기 때문입니다. 쉬운 수준부터 차근차근 그래프의 특징을 알고 직접 만들어 보는 경험을 쌓아야만 닫혔던 이해의 문이 조금씩 열려요. 따라서 생활 속에서 자료를 기록, 정리, 해석하는 경험을 많이 쌓도록 해 주세요. 예를 들어 영화 시간표나 공연 시간표를 읽는 체험을 하거나 TV 편성표를 보며 스스로 좋아하는 만화를 체크하고 볼 수 있도록 해요.

자료와 가능성은 자기관리나 자기계발과도 연결돼요. 다음의 내용을 생활 속에서 실천하고 스스로 표로 기록하는 습관을 길러 주면 어떨까요?

[생활 속에서 기록하는 연습]

① 걸음 수(스마트폰 만보기나 일반 만보기) 기록하기

② 용돈 기입장 기록하기

③ 일주일 동안 읽은 그림책 권수 기록하기

④ 스마트폰 사용량 기록하기(스마트폰에서 사용량 확인 가능)

⑤ 온도 기록하기

⑥ 일주일의 물 섭취량 기록하기

⑦ 수면 시간 기록하기

⑧ 날씨 기록하기

일기를 쓸 때 특정 정보를 조사하고 기록하는 일을 추가하면 자연스럽게 자료와 가능성을 경험할 수 있어요. 그래프는 아이가 그리기 어렵기 때문에 부모가 원그래프, 막대그래프 등 학년 수준에 맞게 나타내도록 합니다. 한컴 오피스, 파워포인트, 엑셀, 구글 스프레드시트 등을 활용하면 편하게 그래프를 만들 수 있고, 국어의 매체 영역과도 연결돼요. 부모님도 함께 조사한 결과를 그래프로 나타내면 아이에게는 색다른 경험이 되고 대화의 소재가 풍부해질 겁니다.

◆ PLAY BOX

자료와 가능성을 즐기는 놀이 1.

놀이

도안

동전 앞? 뒤?

동전의 앞과 뒤를 예상하고 틀릴 때까지 계속 맞히는

놀이입니다. 그래프를 재미있게 그리는 경험을 할 수 있어요.

- 준비물: 10원, 50원, 100원, 500원 동전, 그래프 활동지 각자 1장

- 놀이 방법

① 실제 동전을 준비해요. 게임은 10원부터 시작합니다.

② 10원 동전을 던지기 전에 그래프 활동지에 앞인지 뒤인지 미리 기록해요(예: "10원의 뒷면!"). 그리고 동전을 던져요.

③ 예측이 맞으면 그래프에 색칠하고 예측이 틀리면 두 번 더 던질 기회를 줘요. 활동이 끝나면 다음으로 50원 동전을 활용해요. 100원, 500원까지 예측해서 그래프를 그린 뒤에 점수를 계산해요.

④ 대결은 다음과 같아요. 10원에서 500원까지 네 가지 종류의 동전을 가린 뒤에 3개를 골라요. 같은 종류의 동전 그래프 결과를 비교해서 더 높은 사람을 찾아요. 총 세 번 중 가장 많이 이긴 사람이 승리합니다.

● 활용 팁: 자신의 활동지는 자기가 던진 동전의 결과만 기록해요. 상대방의 동전 결과는 내 활동지에 기록하지 않아요. 모두 맞힌 개수를 합하여 목표 숫자에 도달하면 승리하는 협력 게임도 가능해요. 목표 숫자는 '사람 수×6개'로 합니다. (예: 2명이면 2명×6개로 12개를 칠해야 성공이에요.)

자료와 가능성을 즐기는 놀이 2.

놀이

같은 유령을 찾아라!

2개의 쪽지 속 단서를 조합하여 점수를 얻는 놀이입니다.
운의 요소가 많아서 누구나 재미있게 참여할 수 있어요.

도안

- 준비물: 쪽지와 게임판 활동지, 게임 말(단추, 동전 등 생활 속 물건 활용)
- 놀이 방법

① 게임판과 쪽지 도안을 준비합니다. 쪽지를 오려서 내용이 보이지 않게 접어요. 모자는 모자 종류끼리 모아서 종이컵에 담고, 유령은 유령끼리 모아서 종이컵에 담아요.

② 참가자 모두 게임판 위에 말을 두어요.

③ 1명이 두 가지 종류의 쪽지를 뽑고 점수를 매겨요. 예를 들어 둥근 모자와 파란 유령 쪽지를 뽑았어요. 그러면 둥근 모자가 있는 그림에 말을 둔 사람과 파란 유령이 있는 그림에 말을 둔 사람은 각각 1점을 받아요. 둥근 모자와 파란 유령이 함께 있는 칸에 말을 놓았던 사람은 3점을 받아요. 점수는 별도로 기록하거나 블록이나 동전으로 받아요. 사용한 쪽지는 접어서 다시 종이컵에 넣고 섞어요. 엉뚱한 곳에 넣지 않도록 주의해야 해요.

④ 다시 ②,③의 단계를 해요. 열 번의 게임을 마친 뒤에 점수가 가장 높은 사람이 승리해요.

- 활용 팁: 열 번의 게임 동안 목표 점수를 넘으면 모두가 승리하는 놀이로 바꿀 수 있어요. 목표 점수는 '사람 수×12개'로 합니다. 아이가 직접 쪽지 속 모양을 그리고 게임판을 만들면 더 애착이 가는 게임이 돼요.

놀이

도안

간식 경매 놀이

간식 구매를 통해 그래프와

물건의 가치를 배우는 2~4인의 놀이입니다.

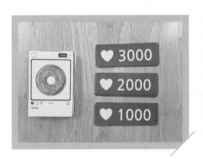

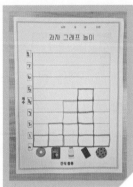

- 준비물: 간식 카드, 랜덤 카드, 좋아요 카드, 그래프 활동지

- 놀이 방법

① 2인일 때는 간식 카드 15장과 랜덤 카드 2장을 넣어서 총 17장을 준비해요. 3~4인일 때는 간식 카드 20장과 랜덤 카드 2장을 넣어서 총 22장을 만들어요. 좋아요 카드는 인원 수에 상관없이 1000에서 4000은 3장씩, 나머지는 1장씩 총 17장을 준비해요.

② 2인일 때는 섞어서 뒤집어 둔 간식 카드 덱에서 1장을 뒤집고 경매를 시작해요. 3~4인일 때는 간식 카드 2장을 뒤집고 진행해요.

③ 모두가 동시에 좋아요 카드를 1장씩 내요. 이때 가지고 싶지 않은 간식이라면 숫자가 작은 좋아요 카드를 내도 돼요. 2인일 때는 더

큰 수를 낸 1명만 간식 카드를 가져갈 수 있어요. 3~4인일 때는 숫자가 가장 큰 사람이 원하는 간식 카드를 가져가고, 다음으로 큰 수를 낸 사람이 나머지 간식 카드를 가져가요. 주의할 점은 아무리 숫자가 커도 같은 수의 좋아요 카드를 낸 사람들은 간식 카드를 못 가져가요. 2인인데 같은 수의 카드를 냈다면 그 간식 카드는 경매에서 뺍니다. 사용한 좋아요 카드는 모아서 치워요.

④ 간식 카드를 가져가면 그래프 활동지에 해당 간식을 네모로 표시해요. 그래프 활동지는 공동으로 활용해요. 가장 높은 그래프와 가장 낮은 그래프의 점수가 제일 높아요. 그래프를 보며 가치 있는 간식을 경매로 가져가야 해요.

⑤ 간식 카드를 다 썼다면 이제 그래프를 보며 계산해요. 그래프에서 가장 높은 간식과 가장 낮은 간식의 점수는 각각 3점이고, 나머지 간식은 모두 1점이에요. 예를 들어 나에게 가장 점수가 높은 간식 그림 3장, 가장 점수가 낮은 간식 그림 1장, 그 외에 간식 그림 2장 있다면 점수는 (3점×3장)+(3점×1장)+(1점×2장)=14점이에요. 가장 점수가 높은 사람이 승리합니다.

● 활용 팁: 기존 규칙대로 하는 경매 활동과 간식 카드를 보지 않은 상태에서 좋아요 카드를 내는 경매 활동을 번갈아 하면 더 재미있어요. 랜덤 카드를 가져간 사람은 원하는 간식 그래프를 하나 올릴 수 있어요.

어릴 적에 도미노를 참 좋아했어요. 고사리손으로 작은 조각을 세우려고 애썼고 가끔 무너진 도미노를 보며 울상 짓곤 했었지요. 도미노 놀이에는 두 가지 규칙이 들어 있어요. 첫째, 완성된 도미노를 떠올리며 블록을 놓아야 해요. 둘째, 블록을 간격에 맞게 세워야 해요. 인생도 도미노와 비슷해요. 우리는 미래를 그리며 다음 도미노를 세워요. 도미노를 완성하려면 실수를 잘 처리해야 해요. 손 조작이 서툴렀던 저는 도미노의 실수를 어떻게 줄였을까요? 바로 중간마다 방해물을 두어 연달아 도미노가 무너질 때 방해물에서 멈추도록 했어요.

저는 부모의 역할도 마찬가지라고 생각해요. 아이가 무너질 때마다 도미노를 막듯이 든든한 버팀목이 되어 주어야 합니다. 아이가 실패를 잘 처리할 수 있도록 부모는 격려하고 모방할 수 있는 모델이 되어야 해요. 그러면 아이는 다시 일어나 쓰러진 도미노를 치울 거예요. 함께 완성될 도미노 모습을 떠올리며 다음 도미노를 찾았으면 해요.

두 번째 도미노 규칙도 중요해요. 도미노는 간격의 아름다움을 가지고 있어요. 서로가 닿을 수 있는 적절한 거리에서 존재해요. 가끔 도미노 쇼를 보다 보면, 도미노가 중간에 멈추는 경우가 있어요. 도미노

간격을 너무 멀리 떨어뜨린 탓이지요. 아이와 부모가 생각하는 목표의 간격은 참으로 달라요. 부모가 당연히 이 정도는 해야 한다고 도미노를 두면 아이는 멈추게 됩니다. 그 뒤로 아무리 멋진 행동을 가르쳐도 연결될 수 없어요. 그래서 우리는 목표를 작은 간격으로 쪼개서 아이가 넘어뜨릴 수 있도록 만들어야 해요. 천천히 그리고 꾸준히 하다 보면 어느새 아이는 시원한 도미노 쇼를 완성할 거예요.

브리티시컬럼비아대학 론 화이트헤드가 《미국 물리학 저널》에서 한 말이 떠오릅니다. "1개의 도미노는 자신보다 1.5배가 큰 도미노를 넘어뜨리는 힘을 가졌다." 같은 크기의 도미노만 생각했던 제게는 큰 울림으로 다가왔어요. 실제로 유튜브에는 도미노 효과라는 이름으로 다양한 영상이 있어요. 작은 도미노가 결국 집보다 큰 도미노를 무너뜨려요. 5cm 도미노가 1.5배의 도미노를 무너뜨리며 나아가다 보면, 서른한 번째는 에베레스트산보다 높은 도미노도 쓰러뜨릴 힘이 생긴답니다. 우리는 그저 무너뜨릴 수 있는 1.5배 크기의 다음 도미노만 찾으면 돼요. 작은 행동이더라도 선택과 집중 그리고 반복의 과정에서 엄청난 결과를 낼 수 있어요.

도미노 효과에 대해 알고 난 뒤, 저는 학생의 잠재력을 똑같은 크기의 도미노로만 본 건 아닌지 스스로 반성하게 되었어요. 그날부터 학생에게는 도전 과제를, 저에게는 새로운 일에 대한 도전을 주고 있어요. 현재 제가 가르치는 제자들은 실패 유무를 떠나서 도전 과제를 즐길 줄 알아요. "다시 하면 돼!", "좋아. 도전!", "괜찮아!"라는 말을 잘해요. 마음 그릇이 넓어진 아이들을 보면 얼마나 뿌듯한지 몰라요. 하나의 도전 과제가 아이들과 저를 바꾸고 있어요. 이 모든 결과는 왼발, 오른발을 외치며 같이 뛰어 준 학부모가 있어서 가능한 일이에요.

교사와 함께 고민하고 적극적으로 자녀교육에 참여하는 학부모는 아이와 교사를 춤추게 만듭니다. 반면에 자녀교육에 관해 안타까울 정도로 모르거나 무관심한 학부모를 만나면 조바심이 나요. 이렇게 저렇게 해 달라고 과한 요구를 하거나 교사를 무시하는 학부모를 만나면 속이 타고요. 함께 걸어야 하는데 엇박자가 자꾸 나요. 매번 학부모를 설득하고 독려하고 위로하다 보면 감정 소모가 심해요. 이 책을 쓴 이유가 여기에 있어요. 교사는 학교에서 아이의 부모입니다. 동등한 부모로 존중하지 않거나 나는 모르겠으니 알아서 하라는 식으로 대하면 어찌

할 바를 모르겠어요. 학부모와 교사가 긍정적으로 교류한 시간은 고스란히 자녀의 성장에 밑거름이 돼요. 특수교사는 아이의 실패를 지켜보는 사람이 아니라, 크고 작은 아이의 성장 스토리를 기억하는 사람이에요. 학부모도 함께했으면 합니다.

　사랑스러운 아이들을 믿고 맡겨 준 전국의 학부모님께 진심으로 감사한 마음을 전합니다. 늘 고맙습니다. 감사합니다.

학습도움반의 모든 것

1판 1쇄 인쇄 2024년 12월 20일
1판 1쇄 발행 2025년 1월 2일

지은이 이진구
펴낸이 고병욱

기획편집2실장 김순란 **기획편집** 권민성 조상희 김지수
마케팅 이일권 함석영 황혜리 복다은 **디자인** 공희 백은주
제작 김기창 **관리** 주동은 **총무** 노재경 송민진 서대원

펴낸곳 청림출판(주)
등록 제2023-000081호

본사 04799 서울시 성동구 아차산로17길 49 1010호 청림출판(주)
제2사옥 10881 경기도 파주시 회동길 173 청림아트스페이스
전화 02-546-4341 **팩스** 02-546-8053

홈페이지 www.chungrim.com **이메일** life@chungrim.com
인스타그램 @ch_daily_mom **블로그** blog.naver.com/chungrimlife
페이스북 www.facebook.com/chungrimlife

ⓒ 이진구, 2025

ISBN 979-11-93842-25-6 13590